Why?

사고력도 탄탄! 창의력도 탄탄!
수학 일등의 지름길 「기탄사고력수학」

♛ 단계별·능력별 프로그램식 학습지입니다

유아부터 초등학교 6학년까지 각 단계별로 4~6권씩 총 52권으로 구성되었으며, 처음 시작할 때 나이와 학년에 관계없이 능력별 수준에 맞추어 학습하는 프로그램식 학습지입니다.

♛ 사고력·창의력을 키워 주는 수학 학습지입니다

다양한 사고 단계를 거쳐 문제 해결력을 높여 주며, 개념과 원리를 이해하도록 하여 수학적 사고력을 키워 줍니다. 또 수학적 사고를 바탕으로 스스로 생각하고 깨닫는 창의력을 키워 줍니다.

♛ 유아 과정은 물론 초등학교 수학의 전 영역을 골고루 학습합니다

운필력, 공간 지각력, 수 개념 등 유아 과정부터 시작하여, 초등학교 과정인 수와 연산, 도형 등 수학의 전 영역을 골고루 다루어, 자녀들의 수학적 사고의 폭을 넓히는 데 큰 도움을 줍니다.

♛ 학습 지도 가이드와 다양한 학습 성취도 평가 자료를 수록했습니다

매주, 매달, 매 단계마다 학습 목표에 따른 지도 내용과 지도 요점, 완벽한 해설을 제공하여 학부모님께서 쉽게 지도하실 수 있습니다. 창의력 문제와 수학 경시 대회 예상 문제를 단계별로 수록, 수학 실력을 완성시켜 줍니다.

♛ 과학적 학습 분량으로 공부하는 습관이 몸에 배입니다

하루 10~20분 정도의 과학적 학습량으로 공부에 싫증을 느끼지 않게 하고, 학습에 자신감을 가지도록 하였습니다. 매일 일정 시간 꾸준하게 공부하도록 하면, 시키지 않아도 공부하는 습관이 몸에 배게 됩니다.

What?

「기탄사고력수학」은
체계적이고 장기적인 프로그램으로
꾸준히 학습하면 반드시 성적으로 보답합니다

✿ 스몰 스텝(Small Step)방식으로 꾸준히 학습하면 성적이 올라갑니다

「기탄사고력수학」은 단순히 문제만 나열한 문제집이 아닙니다. 체계적이고 장기적인 학습프로그램을 통해 수학적 사고력과 창의력을 완성시켜 주는 스몰 스텝(Small Step)방식으로 꾸준히 학습하면 반드시 성적이 올라갑니다.

✿ 하루 3장, 10~20분씩 규칙적으로 학습하게 하세요

매일 일정 시간에 일정한 학습량을 꾸준히 재미있게 해야만 학습효과를 높일 수 있습니다. 주별로 분철하기 쉽게 제본되어 있으니, 교재를 구입하시면 먼저 분철하여 일주일 학습 분량만 자녀들에게 나누어 주세요. 그래야만 아이들이 학습 성취감과 자신감을 가질 수 있습니다.

✿ 자녀들의 수준에 알맞은 교재를 선택하세요

〈기탄사고력수학〉은 유아에서 초등학교 6학년까지, 나이와 학년에 관계없이 학습 난이도별로 자신의 능력에 맞는 단계를 선택하여 시작하는 능력별 교재입니다. 그러나 자녀의 수준보다 1~2단계 낮춘 교재부터 시작하면 학습에 더욱 자신감을 갖게 되어 효과적입니다.

교재 구분	교재 구성	대 상
A단계 교재	1, 2, 3, 4집	4세 ~ 5세 아동
B단계 교재	1, 2, 3, 4집	5세 ~ 6세 아동
C단계 교재	1, 2, 3, 4집	6세 ~ 7세 아동
D단계 교재	1, 2, 3, 4집	7세 ~ 초등학교 1학년
E단계 교재	1, 2, 3, 4, 5, 6집	초등학교 1학년
F단계 교재	1, 2, 3, 4, 5, 6집	초등학교 2학년
G단계 교재	1, 2, 3, 4, 5, 6집	초등학교 3학년
H단계 교재	1, 2, 3, 4, 5, 6집	초등학교 4학년
I 단계 교재	1, 2, 3, 4, 5, 6집	초등학교 5학년
J단계 교재	1, 2, 3, 4, 5, 6집	초등학교 6학년

「기탄사고력수학」으로 수학 성적 올리는 일등비법을 공개합니다

✳ 문제를 먼저 풀어 주지 마세요

기탄사고력수학은 직관(전체 감지)을 논리(이론과 구체 연결)로 발전시켜 답을 구하도록 구성되었습니다. 쉽게 문제를 풀지 못하더라도 노력하는 과정에서 더 많은 것을 얻을 수 있으니, 약간의 힌트 외에는 자녀가 스스로 끝까지 문제를 풀어 나갈 수 있도록 격려해 주세요.

✳ 교재는 이렇게 활용하세요

먼저 자녀들의 능력에 맞는 교재를 선택하세요. 그리고 일주일 분량씩 분철하여 매일 3장씩 풀 수 있도록 해 주세요. 한꺼번에 많은 양의 교재를 주시면 어린이가 부담을 느껴서 학습을 미루거나 포기하기 쉽습니다. 적당한 양을 매일매일 학습하도록 하여 수학 공부하는 재미를 느낄 수 있도록 해 주세요.

✳ 교재 학습 과정을 꼭 지켜 주세요

한 주 학습이 끝날 때마다 창의력 문제와 경시 대회 예상 문제를 꼭 풀고 넘어가도록 해 주시고, 한 권(한 달 과정)이 끝나면 성취도 테스트와 종료 테스트를 통해 스스로 실력을 가늠해 볼 수 있도록 도와 주세요. 문제를 다 풀면 반드시 해답지를 이용하여 정확하게 채점해 주시고, 틀린 문제를 체크해 놓았다가 다음에는 확실히 풀 수 있도록 지도해 주세요.

✳ 자녀의 학습 관리를 게을리 하지 마세요

수학적 사고는 하루 아침에 생겨나는 것이 아닙니다. 날마다 꾸준히 규칙적으로 학습해 나갈 때에만 비로소 수학적 사고의 기틀이 마련되는 것입니다. 교육은 사랑입니다. 자녀가 학습한 부분을 어머니께서 꼭 확인하시면서 사랑으로 돌봐 주세요. 부모님의 관심 속에서 자란 아이들만이 성적 향상은 물론 이 사회에서 꼭 필요한 인격체로 성장해 나갈 수 있다는 것도 잊지 마세요.

기탄교력수학 교재별 학습 내용

A 단계 교재

A - ❶ 교재
나와 가족에 대하여 알기
바른 행동 알기
다양한 선 그리기
다양한 사물 색칠하기
○△□ 알기
똑같은 것 찾기
빠진 것 찾기
종류가 같은 것과 다른 것 찾기
관찰력, 논리력, 사고력 키우기

A - ❷ 교재
필요한 물건 찾기
관계 있는 것 찾기
다양한 기준에 따라 분류하기
(종류, 용도, 모양, 색깔, 재질, 계절, 성질 등)
두 가지 기준에 따라 분류하기
다섯까지 세기
변별력 키우기
미로 통과하기

A - ❸ 교재
다양한 기준으로 비교하기
(길이, 높이, 양, 무게, 크기, 두께, 넓이, 속도, 깊이 등)
시간의 순서 비교하기
반대 개념 알기
3까지의 숫자 배우기
그림 퍼즐 맞추기
미로 통과하기

A - ❹ 교재
최상급 개념 알기
다양한 기준으로 순서 짓기 (크기, 시간, 길이, 두께 등)
네 가지 이상 비교하기
이중 서열 알기
ABAB, ABCABC의 규칙성 알기
다양한 규칙 이해하기
부분과 전체 알기
5까지의 숫자 배우기
일대일 대응, 일대다 대응 알기
미로 통과하기

B 단계 교재

B - ❶ 교재
열까지 세기
9까지의 숫자 배우기
사물의 기본 모양 알기
모양 구성하기
모양 나누기와 합치기
같은 모양, 짝이 되는 모양 찾기
위치 개념 알기 (위, 아래, 앞, 뒤)
위치 파악하기

B - ❷ 교재
9까지의 수량, 수 단어, 숫자 연결하기
구체물을 이용한 수 익히기
반구체물을 이용한 수 익히기
위치 개념 알기 (안, 밖, 왼쪽, 가운데, 오른쪽)
다양한 위치 개념 알기
시간 개념 알기 (낮, 밤)
구체물을 이용한 수와 양의 개념 알기
(같다, 많다, 적다)

B - ❸ 교재
순서대로 숫자 쓰기
거꾸로 숫자 쓰기
1 큰 수와 2 큰 수 알기
1 작은 수와 2 작은 수 알기
반구체물을 이용한 수와 양의 개념 알기
보존 개념 익히기
여러 가지 단위 배우기

B - ❹ 교재
순서수 알기
사물의 입체 모양 알기
입체 모양 나누기
두 수의 크기 비교하기
여러 수의 크기 비교하기
0의 개념 알기
0부터 9까지의 수 익히기

C 단계 교재

C - ❶ 교재	C - ❷ 교재
구체물을 통한 수 가르기 반구체물을 통한 수 가르기 숫자를 도입한 수 가르기 구체물을 통한 수 모으기 반구체물을 통한 수 모으기 숫자를 도입한 수 모으기	수 가르기와 모으기 여러 가지 방법으로 수 가르기 수 모으고 다시 수 가르기 수 가르고 다시 수 모으기 더해 보기 세로로 더해 보기 빼 보기 세로로 빼 보기 더해 보기와 빼 보기 바꾸어서 셈하기

C - ❸ 교재	C - ❹ 교재
길이 측정하기　높이 측정하기 넓이 측정하기　크기 측정하기 둘레 측정하기　무게 측정하기 부피 측정하기　들이 측정하기 활동 시간 알아보기　시간의 순서 알아보기 여러 가지 측정하기	열 개 열 개 만들어 보기 열 개 묶어 보기 자리 알아보기 수 '10' 알아보기 10의 크기 알아보기 더하여 10이 되는 수 알아보기 열다섯까지 세어 보기 스물까지 세어 보기

D 단계 교재

D - ❶ 교재	D - ❷ 교재
수 11~20 알기 11~20까지의 수 알기 30까지의 수 알아보기 자릿값을 이용하여 30까지의 수 나타내기 40까지의 수 알아보기 자릿값을 이용하여 40까지의 수 나타내기 자릿값을 이용하여 50까지의 수 나타내기 50까지의 수 알아보기	상자 모양, 공 모양, 둥근기둥 모양 알아보기 공간 위치 알아보기 입체도형으로 모양 만들기 여러 방향에서 본 모습 관찰하기 평면도형 알아보기 선대칭 모양 알아보기 모양 만들기와 탱그램

D - ❸ 교재	D - ❹ 교재
덧셈 이해하기 10이 되는 더하기 여러 가지로 더해 보기 덧셈 익히기 뺄셈 이해하기 10에서 빼기 여러 가지로 빼 보기 뺄셈 익히기	조사하여 기록하기 그래프의 이해 그래프의 활용 분수의 이해 시간 느끼기 사건의 순서 알기 소요 시간 알아보기 달력 보기 시계 보기 활동한 시간 알기

기탄교력수학 교재별 학습 내용

단계 교재 E

E - ❶ 교재	E - ❷ 교재	E - ❸ 교재
사물의 개수를 세어 보고 1, 2, 3, 4, 5 알아보기 0의 개념과 0~5까지의 수의 순서 알기 하나 더 많다, 적다의 개념 알기 두 수의 크기 비교하기 사물의 개수를 세어 보고 6, 7, 8, 9 알아보기 0~9까지의 수의 순서 알기 하나 더 많다, 적다의 개념 알기 두 수의 크기 비교하기 여러 가지 모양 알아보기, 찾아보기, 만들어 보기 규칙 찾기	두 수로 가르기 두 수를 모으기 가르기와 모으기 덧셈식 알아보기 뺄셈식 알아보기 길이 비교해 보기 높이 비교해 보기 들이 비교해 보기 무게 비교해 보기 넓이 비교해 보기	수 10(십) 알아보기 19까지의 수 알아보기 몇십과 몇십 몇 알아보기 물건의 수 세기 50까지 수의 순서 알아보기 두 수의 크기 비교하기 분류하기 분류하여 세어 보기

E - ❹ 교재	E - ❺ 교재	E - ❻ 교재
수 60, 70, 80, 90 99까지의 수 수의 순서 두 수의 크기 비교 여러 가지 모양 알아보기, 찾아보기 여러 가지 모양 만들기, 그리기 규칙 찾기 10을 두 수로 가르기 100이 되도록 두 수를 모으기	10이 되는 더하기 10에서 빼기 세 수의 덧셈과 뺄셈 (몇십)+(몇), (몇십 몇)+(몇), (몇십 몇)+(몇십 몇) (몇십 몇)-(몇), (몇십 몇)-(몇십 몇) 긴바늘, 짧은바늘 알아보기 몇 시 알아보기 몇 시 30분 알아보기	세 수의 덧셈 받아올림이 있는 (몇)+(몇) 받아내림이 있는 (십 몇)-(몇) 세 수의 계산 덧셈식, 뺄셈식 만들기 □가 있는 덧셈식, 뺄셈식 만들기 여러 가지 방법으로 해결하기

단계 교재 F

F - ❶ 교재	F - ❷ 교재	F - ❸ 교재
백(100)과 몇백(200, 300, ……)의 개념 이해 세 자리 수와 뛰어 세기의 이해 세 자리 수의 크기 비교 받아올림이 있는 (두 자리 수)+(한 자리 수)의 계산 받아내림이 있는 (두 자리 수)-(한 자리 수)의 계산 세 수의 덧셈과 뺄셈 선분과 직선의 차이 이해 사각형, 삼각형, 원 등의 여러 가지 모양 쌓기나무로 똑같이 쌓아 보고 여러 가지 모양 만들기 배열 순서에 따라 규칙 찾아내기	받아올림이 있는 (두 자리 수)+(두 자리 수)의 계산 받아내림이 있는 (두 자리 수)-(두 자리 수)의 계산 여러 가지 방법으로 계산하고 세 수의 혼합 계산 길이 비교와 단위길이의 비교 길이의 단위(cm) 알기 길이 재기와 길이 어림하기 어떤 수를 □로 나타내기 덧셈식·뺄셈식에서 □의 값 구하기 어떤 수를 구하는 식 만들기 식에 알맞은 문제 만들기	시각 읽기 시각과 시간의 차이 알기 하루의 시간 알기 달력을 보며 1년 알기 몇 시 몇 분 전 알기 반 시간 알기 묶어 세기 몇 배 알아보기 더하기를 곱하기로 나타내기 덧셈식과 곱셈식으로 나타내기

F - ❹ 교재	F - ❺ 교재	F - ❻ 교재
2~9의 단 곱셈구구 익히기 1의 단 곱셈구구와 0의 곱 곱셈표에서 규칙 찾기 받아올림이 없는 세 자리 수의 덧셈 받아내림이 없는 세 자리 수의 뺄셈 여러 가지 방법으로 계산하기 미터(m)와 센티미터(cm) 길이 재기 길이 어림하기 길이의 합과 차	받아올림이 있는 세 자리 수의 덧셈 받아내림이 있는 세 자리 수의 뺄셈 여러 가지 방법으로 덧셈·뺄셈하기 세 수의 혼합 계산 똑같이 나누기 전체와 부분의 크기 분수의 쓰기와 읽기 분수만큼 색칠하고 분수로 나타내기 표와 그래프로 나타내기 조사하여 표와 그래프로 나타내기	□가 있는 곱셈식을 만들어 문제 해결하기 규칙을 찾아 문제 해결하기 거꾸로 생각하여 문제 해결하기

G – ❶ 교재	G – ❷ 교재	G – ❸ 교재
1000의 개념 알기 몇천, 네 자리 수 알기 수의 자릿값 알기 뛰어 세기, 두 수의 크기 비교 세 자리 수의 덧셈 덧셈의 여러 가지 방법 세 자리 수의 뺄셈 뺄셈의 여러 가지 방법 각과 직각의 이해 직각삼각형, 직사각형, 정사각형의 이해	똑같이 묶어 덜어 내기와 똑같게 나누기 나눗셈의 몫 곱셈과 나눗셈의 관계 나눗셈의 몫을 구하는 방법 나눗셈의 세로 형식 곱셈을 활용하여 나눗셈의 몫 구하기 평면도형 밀기, 뒤집기, 돌리기 평면도형 뒤집고 돌리기 (몇십)×(몇)의 계산 (두 자리 수)×(한 자리 수)의 계산	분수만큼 알기와 분수로 나타내기 몇 개인지 알기 분수의 크기 비교 mm 단위를 알기와 mm 단위까지 길이 재기 km 단위를 알기 km, m, cm, mm의 단위가 있는 길이의 합과 차 구하기 시각과 시간의 개념 알기 1초의 개념 알기 시간의 합과 차 구하기

G – ❹ 교재	G – ❺ 교재	G – ❻ 교재
(네 자리 수)+(세 자리 수) (네 자리 수)+(네 자리 수) (네 자리 수)−(세 자리 수) (네 자리 수)−(네 자리 수) 세 수의 덧셈과 뺄셈 (세 자리 수)×(한 자리 수) (몇십)×(몇십) / (두 자리 수)×(몇십) (두 자리 수)×(두 자리 수) 원의 중심과 반지름 / 그리기 / 지름 / 성질	(몇십)÷(몇) 내림이 없는 (몇십 몇)÷(몇) 나눗셈의 몫과 나머지 나눗셈식의 검산 / (몇십 몇)÷(몇) 들이 / 들이의 단위 들이의 어림하기와 합과 차 무게 / 무게의 단위 무게의 어림하기와 합과 차 0.1 / 소수 알아보기 소수의 크기 비교하기	막대그래프 막대그래프 그리기 그림그래프 그림그래프 그리기 알맞은 그래프로 나타내기 규칙을 정해 무늬 꾸미기 규칙을 찾아 문제 해결 표를 만들어서 문제 해결 예상과 확인으로 문제 해결

G 단계 교재

H – ❶ 교재	H – ❷ 교재	H – ❸ 교재
만 / 다섯 자리 수 / 십만, 백만, 천만 억 / 조 / 큰 수 뛰어서 세기 두 수의 크기 비교 100, 1000, 10000, 몇백, 몇천의 곱 (세,네 자리 수)×(두 자리 수) 세 수의 곱셈 / 몇십으로 나누기 (두,세 자리 수)÷(두 자리 수) 각의 크기 / 각 그리기 / 각도의 합과 차 삼각형의 세 각의 크기의 합 사각형의 네 각의 크기의 합	이등변삼각형 / 이등변삼각형의 성질 정삼각형 / 예각과 둔각 예각삼각형 / 둔각삼각형 덧셈, 뺄셈 또는 곱셈, 나눗셈이 섞여 있는 혼합 계산 덧셈, 뺄셈, 곱셈, 나눗셈이 섞여 있는 혼합 계산 ( ), { }가 있는 혼합 계산 분수와 진분수 / 가분수와 대분수 대분수를 가분수로, 가분수를 대분수로 나타내기 분모가 같은 분수의 크기 비교	소수 소수 두 자리 수 소수 세 자리 수 소수 사이의 관계 소수의 크기 비교 규칙을 찾아 수로 나타내기 규칙을 찾아 글로 나타내기 새로운 무늬 만들기

H – ❹ 교재	H – ❺ 교재	H – ❻ 교재
분모가 같은 진분수의 덧셈 분모가 같은 대분수의 덧셈 분모가 같은 진분수의 뺄셈 분모가 같은 대분수의 뺄셈 분모가 같은 대분수와 진분수의 덧셈과 뺄셈 소수의 덧셈 / 소수의 뺄셈 수직과 수선 / 수선 긋기 평행선 / 평행선 긋기 평행선 사이의 거리	사다리꼴 / 평행사변형 / 마름모 직사각형과 정사각형의 성질 다각형과 정다각형 / 대각선 여러 가지 모양 만들기 여러 가지 모양으로 덮기 직사각형과 정사각형의 둘레 1cm² / 직사각형과 정사각형의 넓이 여러 가지 도형의 넓이 이상과 이하 / 초과와 미만 / 수의 범위 올림과 버림 / 반올림 / 어림의 활용	꺾은선그래프 꺾은선그래프 그리기 물결선을 사용한 꺾은선그래프 물결선을 사용한 꺾은선그래프 그리기 알맞은 그래프로 나타내기 꺾은선그래프의 활용 두 수 사이의 관계 두 수 사이의 관계를 식으로 나타내기 문제를 해결하고 풀이 과정을 설명하기

H 단계 교재

기탄교력수학 교재별 학습 내용

I 단계 교재

I - ❶ 교재	I - ❷ 교재	I - ❸ 교재
약수 / 배수 / 배수와 약수의 관계	세 분수의 덧셈과 뺄셈	평행사변형의 넓이
공약수와 최대공약수	(진분수)×(자연수) / (대분수)×(자연수)	삼각형의 넓이
공배수와 최소공배수	(자연수)×(진분수) / (자연수)×(대분수)	사다리꼴의 넓이
크기가 같은 분수 알기	(단위분수)×(단위분수)	마름모의 넓이
크기가 같은 분수 만들기	(진분수)×(진분수) / (대분수)×(대분수)	넓이의 단위 m², a
분수의 약분 / 분수의 통분	세 분수의 곱셈 / 합동인 도형의 성질	넓이의 단위 ha, km²
분수의 크기 비교 / 진분수의 덧셈	합동인 삼각형 그리기	넓이의 단위 관계
대분수의 덧셈 / 진분수의 뺄셈	면, 모서리, 꼭짓점	무게의 단위
대분수의 뺄셈 / 세 분수의 덧셈과 뺄셈	직육면체와 정육면체	
	직육면체의 성질 / 겨냥도 / 전개도	

I - ❹ 교재	I - ❺ 교재	I - ❻ 교재
분수와 소수의 관계	(소수)×(자연수) / (자연수)×(소수)	두 수의 크기 비교
분수를 소수로, 소수를 분수로 나타내기	곱의 소수점의 위치	비율
분수와 소수의 크기 비교	(소수)×(소수)	백분율
1÷(자연수)를 곱셈으로 나타내기	소수의 곱셈	할푼리
(자연수)÷(자연수)를 곱셈으로 나타내기	(소수)÷(자연수)	실제로 해 보기와 표 만들기
(진분수)÷(자연수) / (가분수)÷(자연수)	(자연수)÷(자연수)	그림 그리기와 식 만들기
(대분수)÷(자연수)	줄기와 잎 그림	예상하고 확인하기와 표 만들기
분수와 자연수의 혼합 계산	그림그래프	실제로 해 보기와 규칙 찾기
선대칭도형/선대칭의 위치에 있는 도형	평균	
점대칭도형/점대칭의 위치에 있는 도형	자료를 그래프로 나타내고 설명하기	

J 단계 교재

J - ❶ 교재	J - ❷ 교재	J - ❸ 교재
(자연수)÷(단위분수)	쌓기나무의 개수	비례식
분모가 같은 진분수끼리의 나눗셈	쌓기나무의 각 자리, 각 층별로 나누어	비의 성질
분모가 다른 진분수끼리의 나눗셈	개수 구하기	가장 작은 자연수의 비로 나타내기
(자연수)÷(진분수) / 대분수의 나눗셈	규칙 찾기	비례식의 성질
분수의 나눗셈 활용하기	쌓기나무로 만든 것, 여러 가지 입체도형,	비례식의 활용
소수의 나눗셈 / (자연수)÷(소수)	여러 가지 생활 속 건축물의 위, 앞, 옆	연비
소수의 나눗셈에서 나머지	에서 본 모양	두 비의 관계를 연비로 나타내기
반올림한 몫	원주와 원주율 / 원의 넓이	연비의 성질
입체도형과 각기둥 / 각뿔	띠그래프 알기 / 띠그래프 그리기	비례배분
각기둥의 전개도 / 각뿔의 전개도	원그래프 알기 / 원그래프 그리기	연비로 비례배분

J - ❹ 교재	J - ❺ 교재	J - ❻ 교재
(소수)÷(분수) / (분수)÷(소수)	원기둥의 겉넓이	두 수 사이의 대응 관계 / 정비례
분수와 소수의 혼합 계산	원기둥의 부피	정비례를 활용하여 생활 문제 해결하기
원기둥 / 원기둥의 전개도	경우의 수	반비례
원뿔	순서가 있는 경우의 수	반비례를 활용하여 생활 문제 해결하기
회전체 / 회전체의 단면	여러 가지 경우의 수	그림을 그리거나 식을 세워 문제 해결하기
직육면체와 정육면체의 겉넓이	확률	거꾸로 생각하거나 식을 세워 문제 해결하기
부피의 비교 / 부피의 단위	미지수를 x로 나타내기	표를 작성하거나 예상과 확인을 통하여
직육면체와 정육면체의 부피	등식 알기 / 방정식 알기	문제 해결하기
부피의 큰 단위	등식의 성질을 이용하여 방정식 풀기	여러 가지 방법으로 문제 해결하기
부피와 들이 사이의 관계	방정식의 활용	새로운 문제를 만들어 풀어 보기

사고력도 탄탄! 창의력도 탄탄!
기탄 사고력수학

13

1121a ~ 1135b

학습 관리표

학습 내용		이번 주는?
평면도형의 넓이	· 평행사변형의 넓이 · 삼각형의 넓이 · 사다리꼴의 넓이 · 마름모의 넓이 · 창의력 학습 · 경시대회 예상문제	• 학습 방법 : ① 매일매일　② 가끔　③ 한꺼번에 　하였습니다. • 학습 태도 : ① 스스로 잘　② 시켜서 억지로 　하였습니다. • 학습 흥미 : ① 재미있게　② 싫증내며 　하였습니다. • 교재 내용 : ① 적합하다고 ② 어렵다고 ③ 쉽다고 　하였습니다.

지도 교사가 부모님께	부모님이 지도 교사께

평가	Ⓐ 아주 잘함	Ⓑ 잘함	Ⓒ 보통	Ⓓ 부족함

원(교)　　　　　반　　이름　　　　　전화

기초부터 탄탄하게
G 기탄교육
www.gitan.co.kr / (02)586-1007(대)

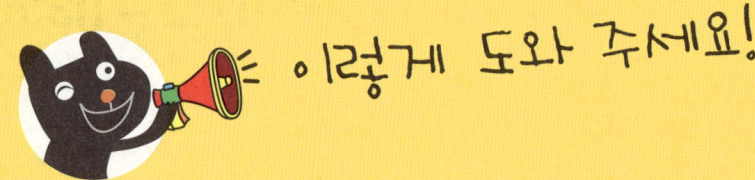

이렇게 도와 주세요!

● 학습 목표
– 평행사변형의 넓이를 구하는 방법을 이해하고 넓이를 구할 수 있습니다.
– 삼각형의 넓이를 구하는 방법을 이해하고 넓이를 구할 수 있습니다.
– 삼각형의 넓이를 이용하여 밑변의 길이, 높이를 구할 수 있습니다.
– 사다리꼴의 넓이를 구하는 방법을 알고 넓이를 구할 수 있습니다.
– 마름모의 넓이를 구하는 방법을 알고 넓이를 구할 수 있습니다.

● 지도 내용
– 직사각형의 넓이를 이용하여 평행사변형의 넓이를 구해 봅니다.
– 평행사변형의 넓이를 구하는 방법을 이해하고 넓이를 구해 봅니다.
– 밑변의 길이와 높이가 같은 평행사변형의 넓이를 비교해 봅니다.
– 삼각형을 평행사변형 모양으로 만들어 넓이를 구해 봅니다.
– 삼각형의 넓이를 구하는 방법을 이해하고 넓이를 구해 봅니다.
– 삼각형의 넓이를 이용하여 밑변의 길이와 높이를 구해 봅니다.
– 사다리꼴을 평행사변형 모양으로 만들어 넓이를 구해 봅니다.
– 사다리꼴을 2개의 삼각형으로 나누어 넓이를 구해 봅니다.
– 사다리꼴의 넓이를 구하는 방법을 이해하고 넓이를 구해 봅니다.
– 마름모를 직사각형으로 만들어 넓이를 구해 봅니다.
– 마름모의 넓이를 구하는 방법을 이해하고 넓이를 구해 봅니다.

● 지도 요점
직사각형의 넓이를 구하는 방법를 이용하여 평행사변형의 넓이를 구하는 방법을 이해
하도록 하고, 평행사변형의 넓이를 구하는 방법을 이용하여 삼각형과 사다리꼴의 넓
이를 구하는 방법을 이해하게 합니다. 또한 삼각형의 넓이를 이용하여 삼각형의 밑변
의 길이와 높이를 구할 수 있게 합니다. 직사각형을 이용하여 마름모의 넓이를 구할
수 있도록 합니다.

★ 이름 :

★ 날짜 :

★ 시간 :　시　분 ~　시　분

확인

◆ **평행사변형의 넓이**(1) ◆

평행사변형에서 평행한 두 변을 밑변이라 하고,
두 밑변 사이의 거리를 높이라고 합니다.

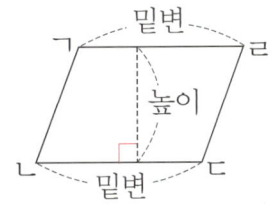

🐸 평행사변형의 높이를 나타내시오. [1~2]

1

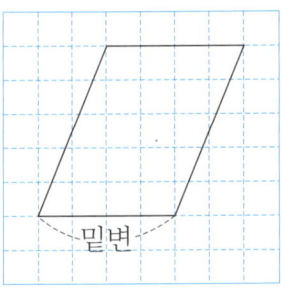

2

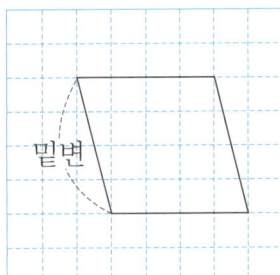

🐸 모눈 한 칸의 길이가 1cm일 때, 평행사변형의 높이를 구하시오. [3~4]

3

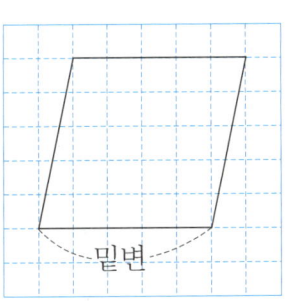

[답]

4

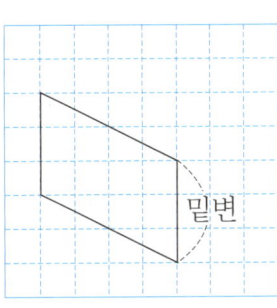

[답]

사고력 학습

5 단위넓이를 이용하여 평행사변형의 넓이를 구하려고 합니다. 물음에 답하시오.

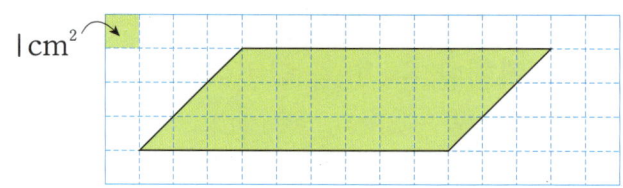

$1cm^2$

(1) 평행사변형에는 $1cm^2$인 단위넓이가 몇 개 있습니까?

[답]

(2) 평행사변형에서 단위넓이가 아닌 부분을 알맞게 옮겨 붙여 놓으면 $1cm^2$인 단위넓이 몇 개의 넓이와 같습니까?

[답]

(3) 평행사변형에는 $1cm^2$인 단위넓이가 모두 몇 개 있습니까?

[답]

(4) 평행사변형의 넓이는 몇 cm^2입니까?

[답]

6 그림을 보고 ☐ 안에 알맞은 수를 써넣으시오.

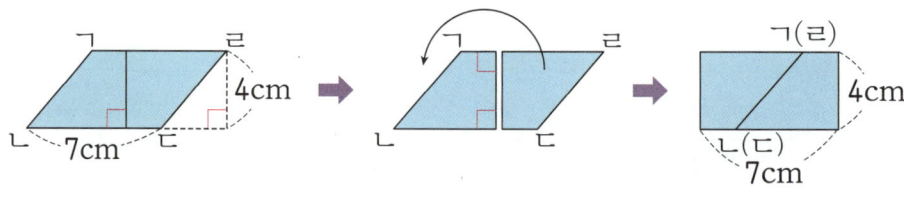

(평행사변형의 넓이) = ☐ × ☐ = ☐ (cm^2)

확인

♠ 이름 :

♠ 날짜 :

♠ 시간 :   시   분 ~   시   분

◆ **평행사변형의 넓이(2)** ◆

🐸 평행사변형의 넓이를 구하시오. [1~4]

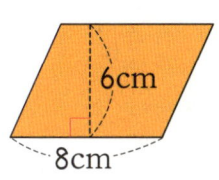

6cm

8cm

[답]

2

9cm

5cm

[답]

3

15cm

11cm

13cm

[답]

4

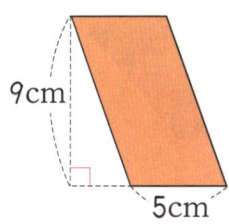

15cm

20cm

24cm

[답]

5 밑변이 18cm이고 높이가 13cm인 평행사변형의 넓이는 몇 cm²입니까?

[답]

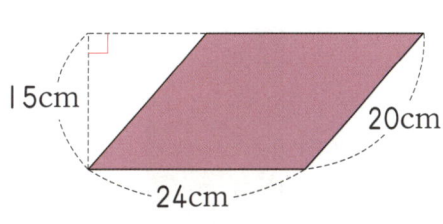

사고력 학습

🐸 ☐ 안에 알맞은 수를 써넣으시오. [6~9]

6 넓이: 72cm^2

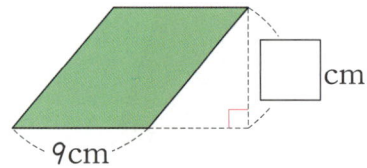

☐ cm

9cm

7 넓이: 91cm^2

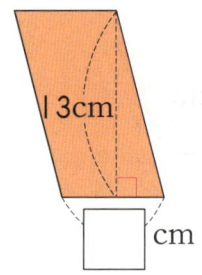

13cm

☐ cm

8 넓이: 240cm^2

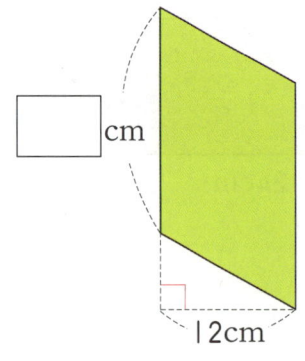

☐ cm

12cm

9 넓이: 112cm^2

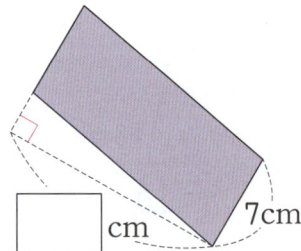

☐ cm

7cm

10 넓이가 714cm^2이고 밑변이 34cm인 평행사변형이 있습니다. 이 평행사변형의 높이는 몇 cm입니까?

[답] _____

🚗 사고력 학습

I-123a

✿ 이름 :

✿ 날짜 :

✿ 시간 : 시 분 ~ 시 분

◆ **평행사변형의 넓이(3)** ◆

1 평행사변형을 보고 물음에 답하시오.

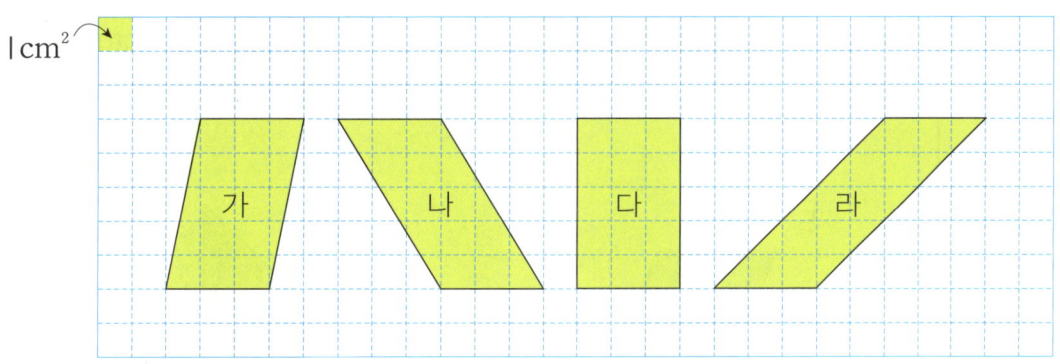

(1) 각 평행사변형의 넓이를 구하시오.

가: ☐ cm², 나: ☐ cm², 다: ☐ cm², 라: ☐ cm²

(2) 평행사변형 가, 나, 다, 라는 모양이 서로 다르지만 ☐ 과 ☐ 가 같

으므로 각 평행사변형의 넓이는 모두 ☐ .

2 넓이가 다른 평행사변형을 찾아 쓰시오.

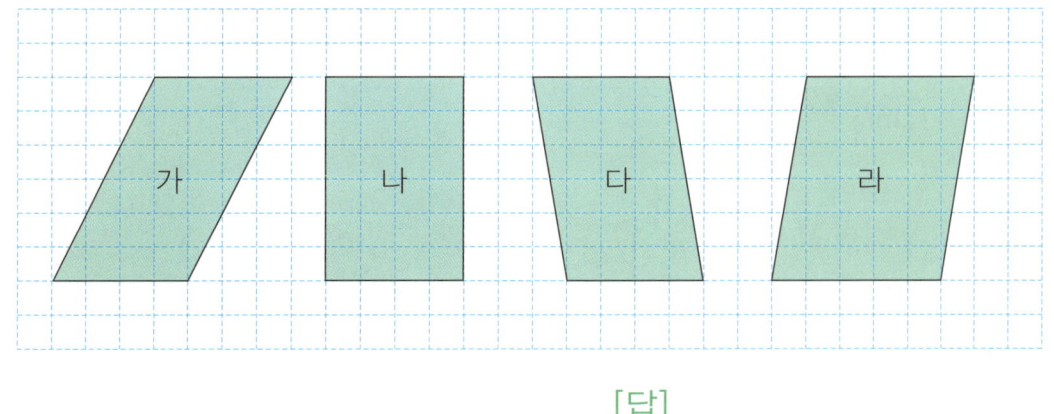

[답]

3 평행사변형의 넓이가 다른 것을 찾아 기호를 쓰시오.

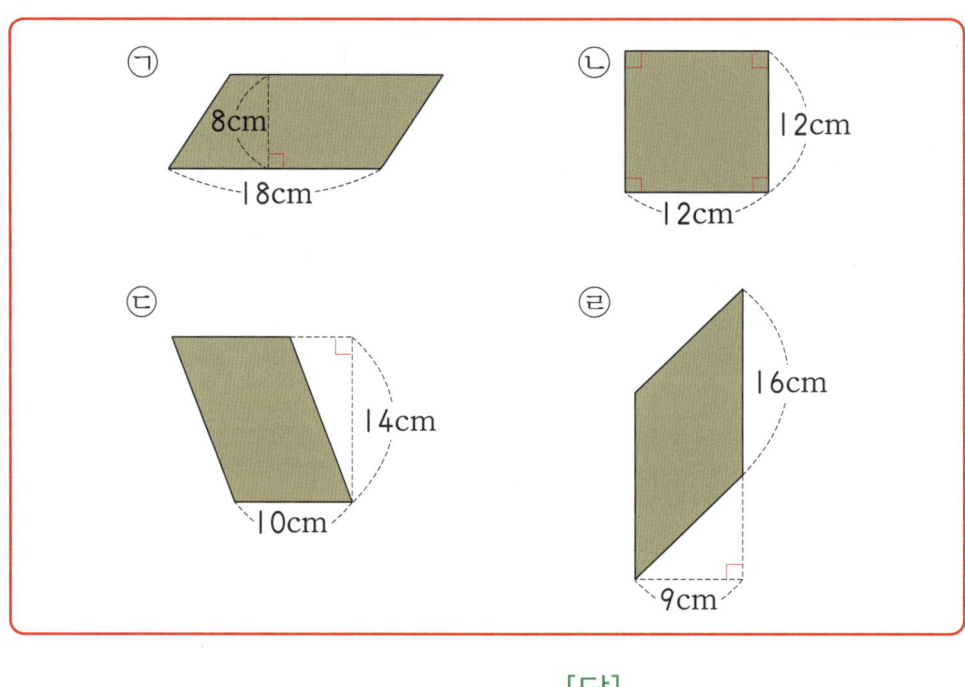

[답] _____

4 모눈 한 칸의 길이가 1cm일 때, 모눈종이 위에 넓이가 12cm²인 서로 다른 모양의 평행사변형을 2개 그리시오.

◆ 삼각형의 넓이(1) ◆

삼각형 ㄱㄴㄷ에서 변 ㄴㄷ을 **밑변**이라 하고, 꼭짓점 ㄱ에서 밑변에 수직으로 그은 선분 ㄱㄹ을 **높이**라고 합니다.

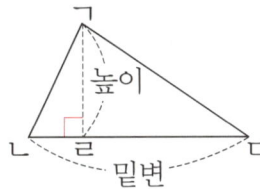
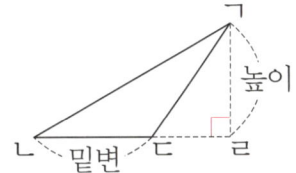

🐸 삼각형에서 밑변이 다음과 같을 때 높이를 나타내시오. [1~2]

1

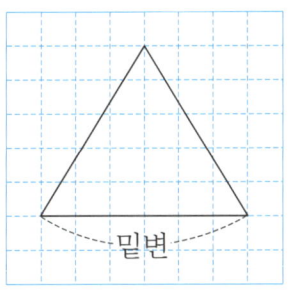

2

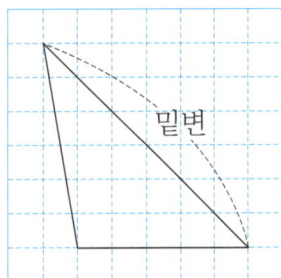

🐸 모눈 한 칸의 길이가 1cm일 때, 삼각형의 높이를 구하시오. [3~4]

3

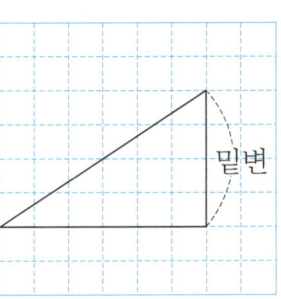

4

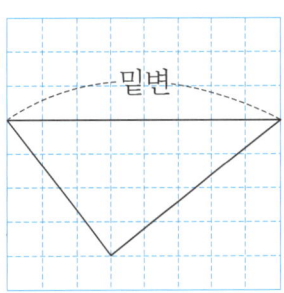

[답]

[답]

사고력 학습

5 단위넓이를 이용하여 삼각형의 넓이를 구하려고 합니다. 물음에 답하시오.

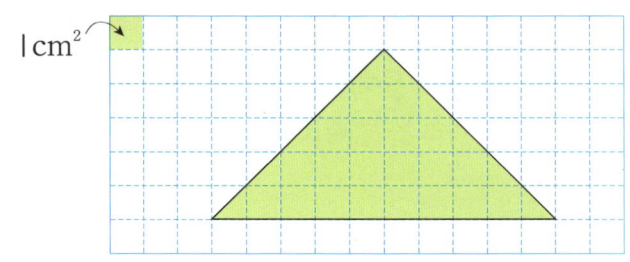

$1\,cm^2$

(1) 삼각형에는 $1\,cm^2$인 단위넓이가 몇 개 있습니까?

[답] _____

(2) 삼각형에서 단위넓이가 아닌 부분을 알맞게 옮겨 붙여 놓으면 $1\,cm^2$인 단위넓이 몇 개의 넓이와 같습니까?

[답] _____

(3) 삼각형에는 $1\,cm^2$인 단위넓이가 모두 몇 개 있습니까?

[답] _____

(4) 삼각형의 넓이는 몇 cm^2입니까?

[답] _____

6 그림을 보고 □ 안에 알맞은 수를 써넣으시오.

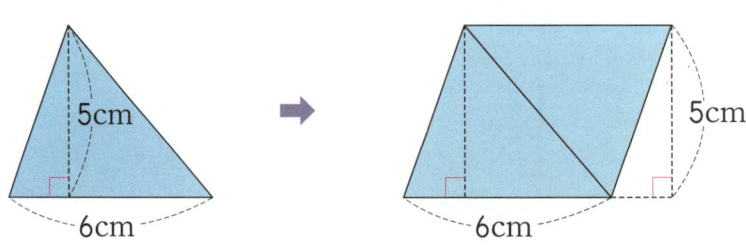

(삼각형의 넓이) = □ × □ ÷ 2 = □ (cm²)

사고력 학습

◆ 이름 :

◆ 날짜 :

◆ 시간 :　시　　분 ~ 　시　　분

확인

◆ 삼각형의 넓이(2) ◆

1 주어진 직각삼각형 2개로 밑변이 10cm, 높이가 4cm인 평행사변형을 만들고, 물음에 답하시오.

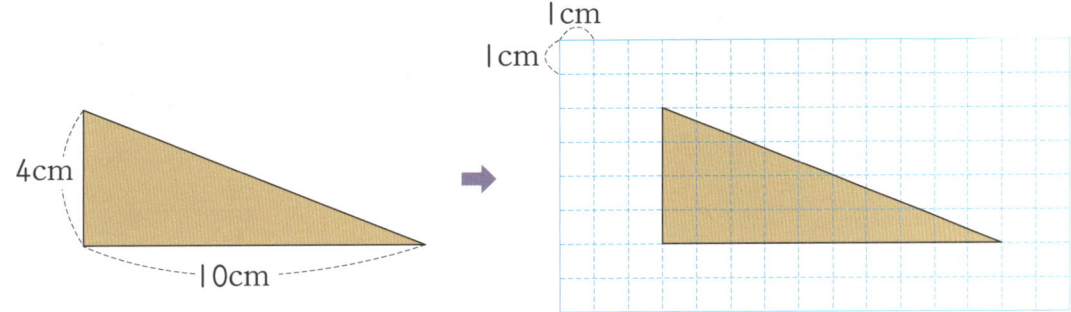

(1) 만든 평행사변형의 넓이는 몇 cm²입니까?

[답]

(2) 삼각형의 넓이는 몇 cm²입니까?

[답]

2 주어진 삼각형 2개로 밑변이 8cm, 높이가 6cm인 평행사변형을 만들고, 삼각형의 넓이를 구하시오.

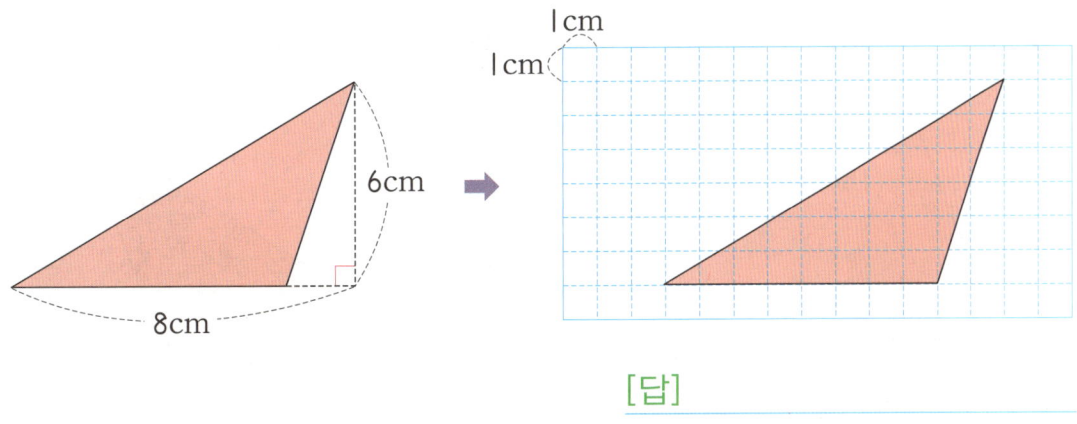

[답]

I-125b

🐸 삼각형의 넓이를 구하시오 [3~6]

3
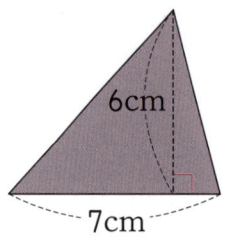

6cm
7cm

[답] _____

4
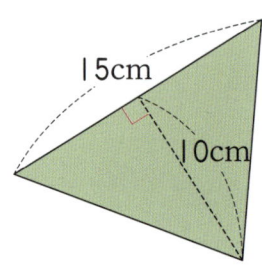

15cm
10cm

[답] _____

5
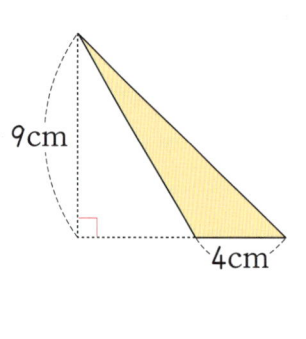

9cm
4cm

[답] _____

6
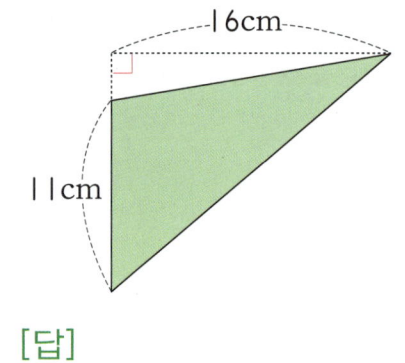

16cm
11cm

[답] _____

🐸 □ 안에 알맞은 수를 써넣으시오. [7~8]

7 넓이: $90cm^2$
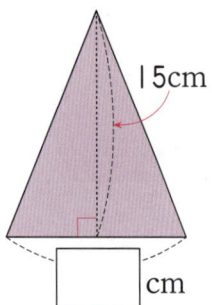

15cm
□ cm

8 넓이: $135cm^2$
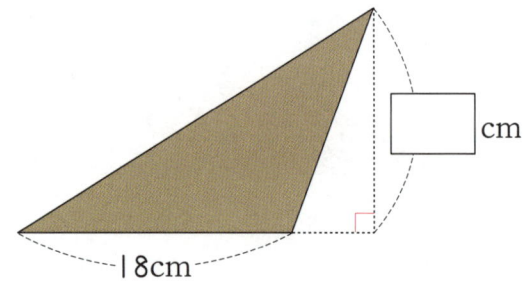

□ cm
18cm

🚗 사고력 학습

★ 이름 :

★ 날짜 :

★ 시간 : 시   분 ~   시   분

◆ 삼각형의 넓이(3) ◆

1 그림에서 직선 ㄱㄴ과 직선 ㄷㄹ은 서로 평행합니다. 물음에 답하시오.

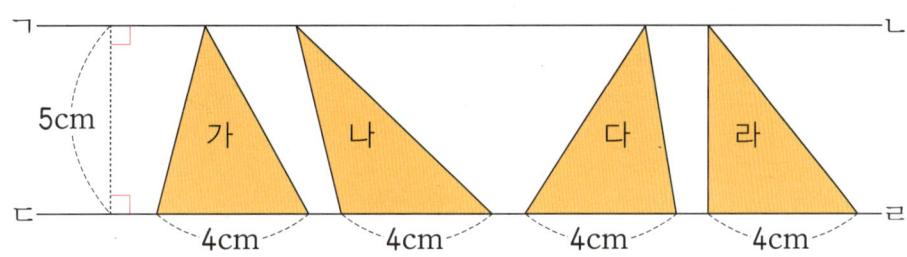

(1) 각 삼각형의 넓이를 구하시오.

가: ☐ cm², 나: ☐ cm², 다: ☐ cm², 라: ☐ cm²

(2) 삼각형 가, 나, 다, 라는 모양이 서로 다르지만 ☐ 과 ☐ 가 같으므

로 각 삼각형의 넓이는 모두 ☐ .

2 넓이가 다른 삼각형을 찾아 쓰시오.

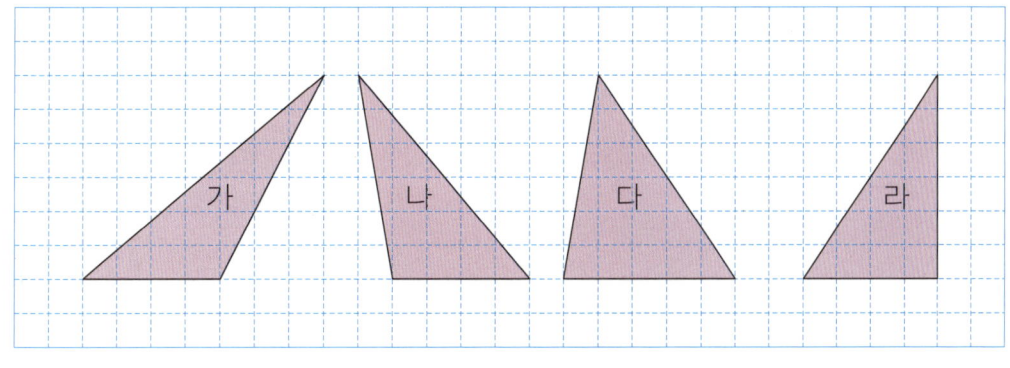

[답] _____

사고력 학습

3 삼각형의 넓이가 다른 것을 찾아 기호를 쓰시오.

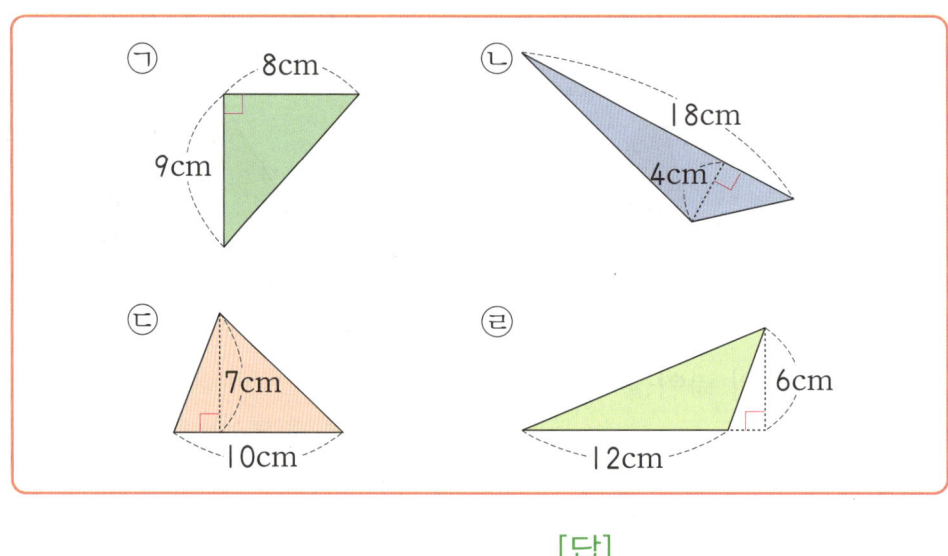

[답] _____

4 모눈 한 칸의 길이가 1cm일 때, 모눈종이 위에 넓이가 15cm²인 서로 다른 모양의 삼각형을 2개 그리시오.

1cm²

🌸 이름 :

🌸 날짜 :

🌸 시간 :　　시　　분~　시　　분

확인

◆ 사다리꼴의 넓이(1) ◆

사다리꼴에서 평행한 두 변을 밑변이라 하고, 밑변을 위치에 따라 윗변, 아랫변이라고 합니다.
그리고 두 밑변 사이의 거리를 높이라고 합니다.

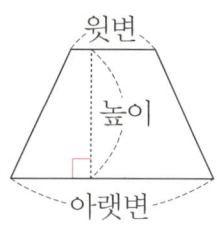

1 단위넓이를 이용하여 사다리꼴의 넓이를 구하려고 합니다. 물음에 답하시오.

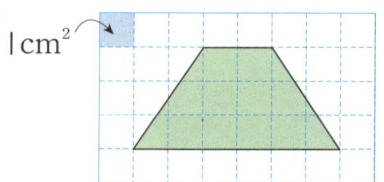

(1) 사다리꼴에는 $1cm^2$인 단위넓이가 몇 개 있습니까?

[답]

(2) 사다리꼴에서 단위넓이가 아닌 부분을 알맞게 옮겨 붙여 놓으면 $1cm^2$인 단위넓이 몇 개의 넓이와 같습니까?

[답]

(3) 사다리꼴에는 $1cm^2$인 단위넓이가 모두 몇 개 있습니까?

[답]

(4) 사다리꼴의 넓이는 몇 cm^2입니까?

[답]

사고력 학습

🐸 그림을 보고 ☐ 안에 알맞은 수를 써넣으시오. [2~4]

2

ㄱ 3cm ㄹ
4cm
ㄴ 7cm ㄷ

(사다리꼴 ㄱㄴㄷㄹ의 넓이)

=(삼각형 ㄱㄴㄷ의 넓이)+(삼각형 ㄱㄷㄹ의 넓이)

=(☐ × ☐ ÷ ☐)+(☐ × ☐ ÷ ☐)

=☐ + ☐ = ☐ (cm²)

3

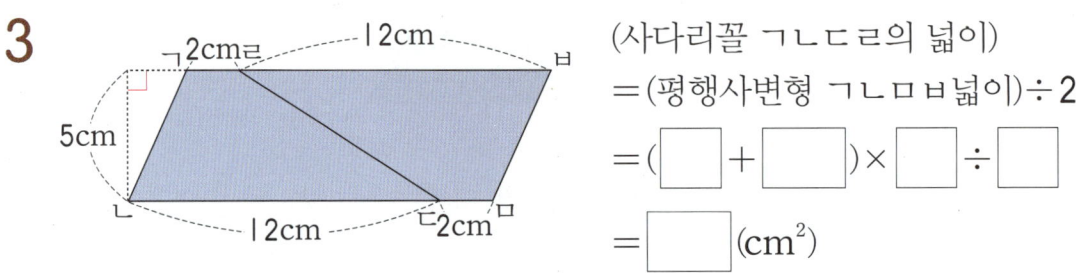

ㄱ 2cmㄹ   12cm   ㅂ
5cm
ㄴ 12cm   ㄷ2cm ㅁ

(사다리꼴 ㄱㄴㄷㄹ의 넓이)

=(평행사변형 ㄱㄴㅁㅂ넓이)÷2

=(☐ + ☐)×☐ ÷ ☐

=☐ (cm²)

4

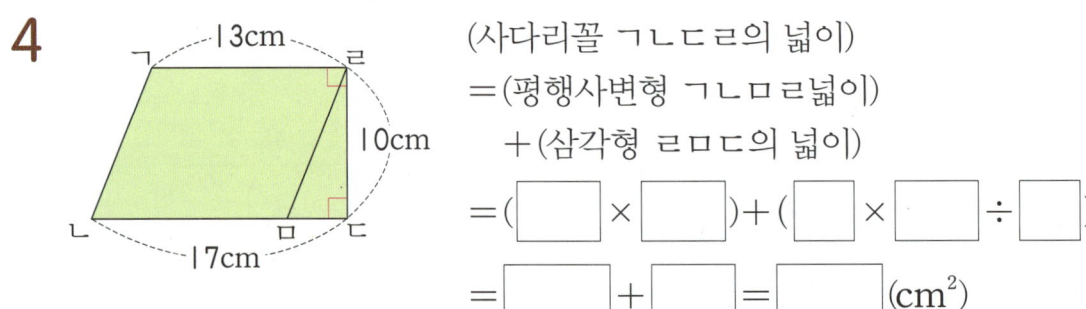

ㄱ 13cm ㄹ
10cm
ㄴ ㅁ 17cm ㄷ

(사다리꼴 ㄱㄴㄷㄹ의 넓이)

=(평행사변형 ㄱㄴㅁㄹ넓이)

  +(삼각형 ㄹㅁㄷ의 넓이)

=(☐ × ☐)+(☐ × ☐ ÷ ☐)

=☐ + ☐ = ☐ (cm²)

✿ 이름 :

✿ 날짜 :

✿ 시간 :　시　분 ~　시　분

확인

◆ **사다리꼴의 넓이**(2) ◆

🐸 사다리꼴의 넓이를 구하시오. [1~4]

1

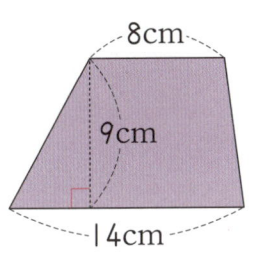

8cm
9cm
14cm

[답]

2

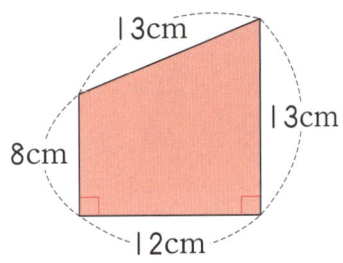

13cm
13cm
8cm
12cm

[답]

3

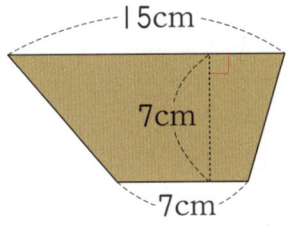

15cm
7cm
7cm

[답]

4

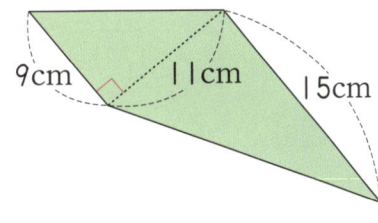

9cm
11cm
15cm

[답]

5 윗변이 18cm, 아랫변이 12cm, 높이가 24cm인 사다리꼴 모양의 타일이 있습니다. 이 타일의 넓이는 몇 cm^2입니까?

[답]

🐸 ☐ 안에 알맞은 수를 써넣으시오. [6～9]

6 넓이: 130cm²

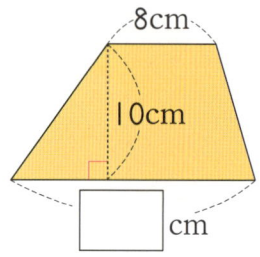

8cm
10cm
☐ cm

7 넓이: 162cm²

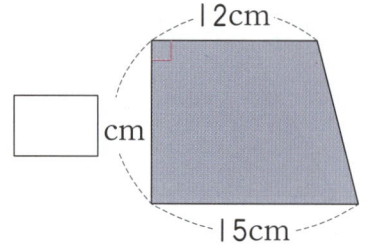

12cm
☐ cm
15cm

8 넓이: 225cm²

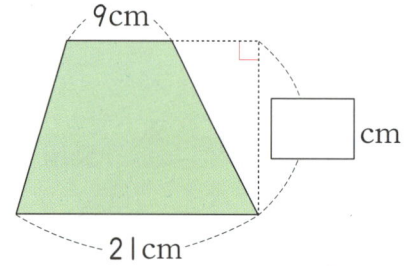

9cm
☐ cm
21cm

9 넓이: 210cm²

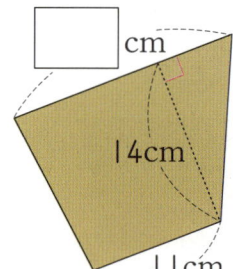

☐ cm
14cm
11cm

10 빈칸에 알맞은 수를 써넣으시오.

윗변(cm)	아랫변(cm)	높이(cm)	사다리꼴의 넓이(cm²)
14	12		169
20		8	140
	24	12	252

🚗 사고력 학습

I-129a

◆ **사다리꼴의 넓이(3)** ◆

1 사다리꼴을 보고 물음에 답하시오.

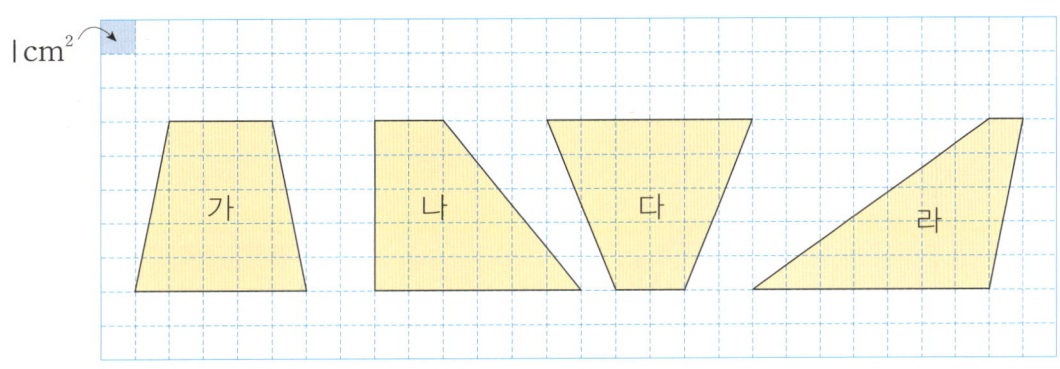

(1) 각 사다리꼴의 넓이를 구하시오.

가: ☐ cm², 나: ☐ cm², 다: ☐ cm², 라: ☐ cm²

(2) 사다리꼴 가, 나, 다, 라는 모양이 서로 다르지만 두 ☐ 의 길이의 합과

☐ 가 같으므로 각 사다리꼴의 넓이는 모두 ☐ .

2 넓이가 다른 사다리꼴을 찾아 쓰시오.

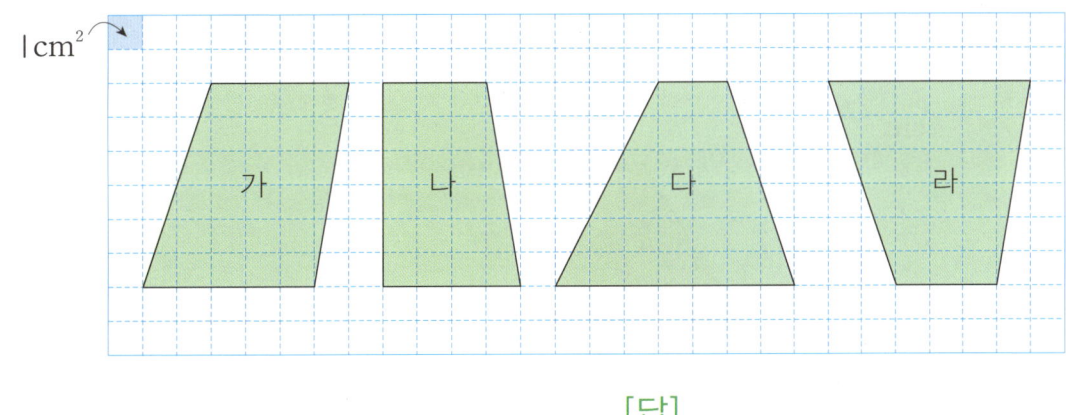

[답]

3 사다리꼴의 넓이가 다른 것을 찾아 기호를 쓰시오.

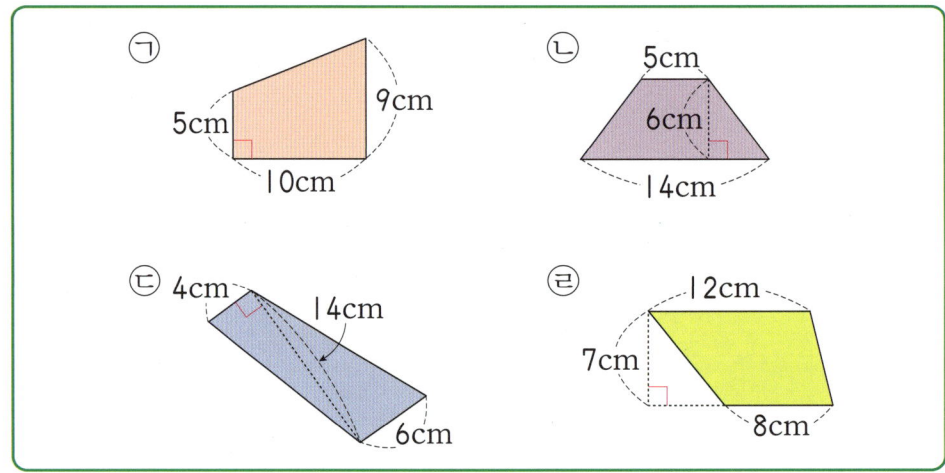

ㄱ
5cm
9cm
10cm

ㄴ
5cm
6cm
14cm

ㄷ
4cm
14cm
6cm

ㄹ
12cm
7cm
8cm

[답]

4 모눈 한 칸의 길이가 1cm일 때, 왼쪽 사다리꼴과 넓이가 같고 모양이 다른
사다리꼴을 1개 그리시오.

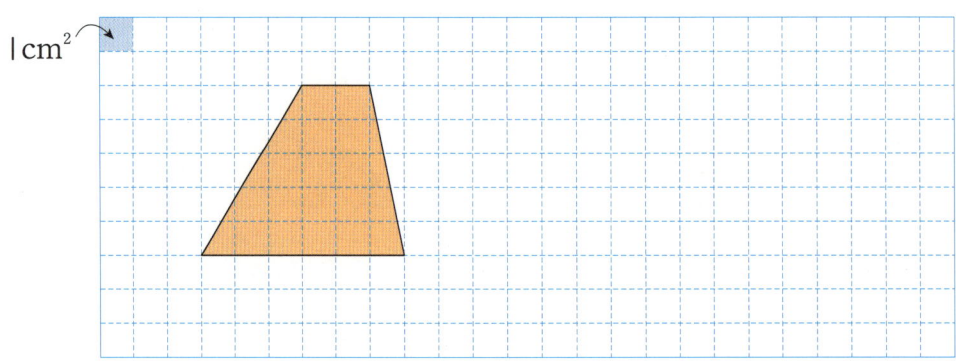

1cm²

★ 이름 :

★ 날짜 :

★ 시간 : 시 분 ~ 시 분

확인

◆ **마름모의 넓이(1)** ◆

1 단위넓이를 이용하여 마름모의 넓이를 구하려고 합니다. 물음에 답하시오.

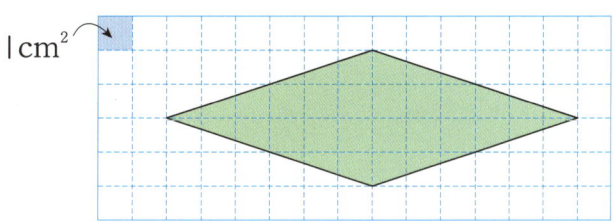

1 cm²

(1) 마름모에는 1 cm²인 단위넓이가 몇 개 있습니까?

[답]

(2) 마름모에서 단위넓이가 아닌 부분을 알맞게 옮겨 붙여 놓으면 1 cm²인 단위넓이 몇 개의 넓이와 같습니까?

[답]

(3) 마름모에는 1 cm²인 단위넓이가 모두 몇 개 있습니까?

[답]

(4) 마름모의 넓이는 몇 cm²입니까?

[답]

🐸 1 cm²인 단위넓이를 이용하여 마름모의 넓이를 구하시오. [2~3]

2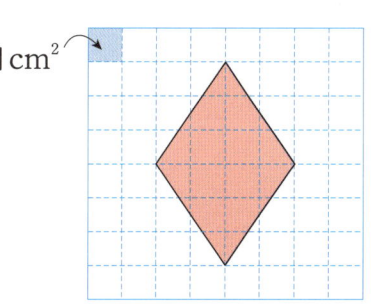

1 cm²

[답]

3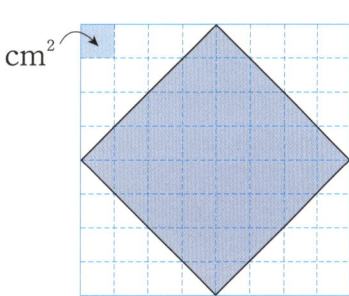

1 cm²

[답]

사고력 학습

4 직사각형의 넓이를 이용하여 마름모의 넓이를 구하려고 합니다. 물음에 답하시오.

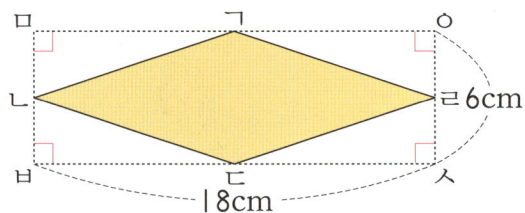

(1) 직사각형 ㅁㅂㅅㅇ의 넓이는 마름모 ㄱㄴㄷㄹ의 넓이의 몇 배입니까?

[답] _____

(2) 직사각형 ㅁㅂㅅㅇ의 넓이는 몇 cm²입니까?

[답] _____

(3) 마름모 ㄱㄴㄷㄹ의 넓이는 몇 cm²입니까?

[답] _____

5 삼각형의 넓이를 이용하여 오른쪽 마름모의 넓이를 구하려고 합니다. 물음에 답하시오.

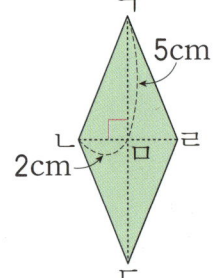

(1) 마름모 ㄱㄴㄷㄹ의 넓이는 삼각형 ㄱㄴㅁ의 넓이의 몇 배입니까?

[답] _____

(2) 삼각형 ㄱㄴㅁ의 넓이는 몇 cm²입니까?

[답] _____

(3) 마름모 ㄱㄴㄷㄹ의 넓이는 몇 cm²입니까?

[답] _____

사고력 학습

I-131a

🌸 이름 :

🌸 날짜 :

🌸 시간 :　　시　　분 ～　　시　　분

확인

◆ **마름모의 넓이(2)** ◆

🐸　마름모의 넓이를 구하시오. [1~6]

1

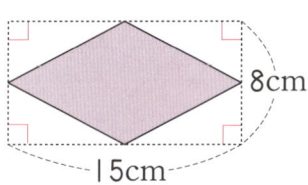

8cm

15cm

[답]

2

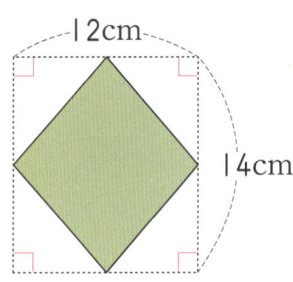

12cm

14cm

[답]

3

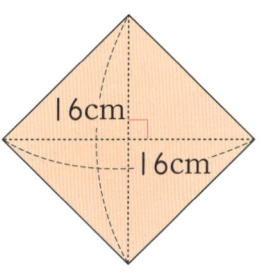

16cm

16cm

[답]

4

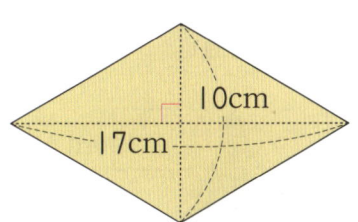

10cm

17cm

[답]

5

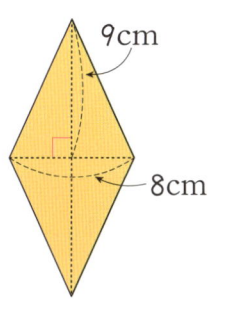

9cm

8cm

[답]

6

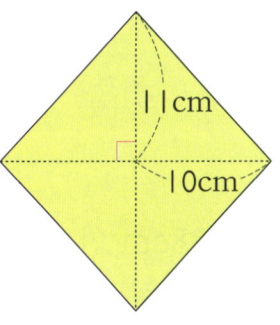

11cm

10cm

[답]

 □ 안에 알맞은 수를 써넣으시오. [7~10]

7 넓이: 63cm²

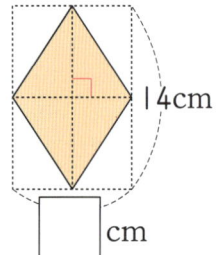
14cm

☐ cm

8 넓이: 160cm²

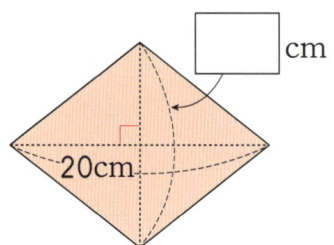
☐ cm
20cm

9 넓이: 120cm²

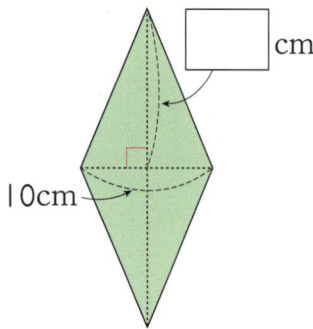
☐ cm
10cm

10 넓이: 396cm²

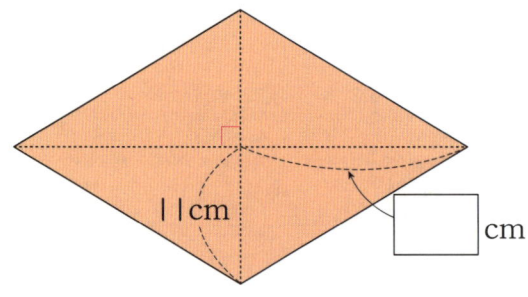
11cm
☐ cm

11 넓이가 288cm²인 마름모가 있습니다. 이 마름모의 한 대각선이 18cm이면 다른 대각선은 몇 cm입니까?

[답]

◆ 이름 :

◆ 날짜 :

◆ 시간 :   시   분 ~   시   분

확인

◆ **마름모의 넓이(3)** ◆

1 마름모의 넓이가 다른 것을 찾아 기호를 쓰시오.

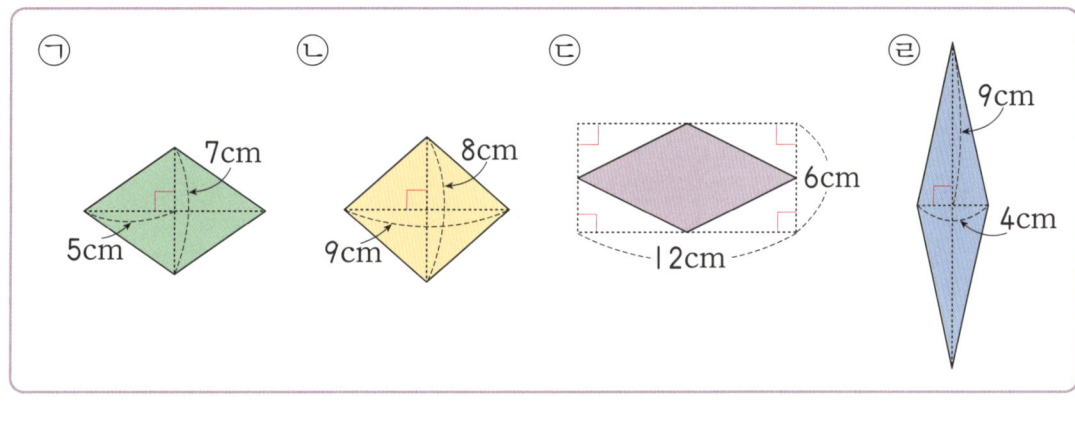

[답] _____

2 오른쪽 그림에서 삼각형 ㄱㄴㅁ의 넓이는 46cm²입니다. 마름모 ㄱㄴㄷㄹ의 넓이는 몇 cm²입니까?

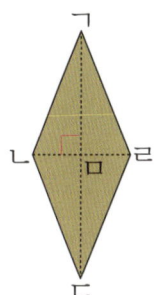

[답] _____

3 한 변이 26cm인 정사각형 안에 네 변의 가운데를 이어 그린 마름모의 넓이는 몇 cm²입니까?

[답] _____

4 오른쪽 마름모의 넓이는 204cm²입니다. 대각선
ㄱㄷ의 길이는 몇 cm입니까?

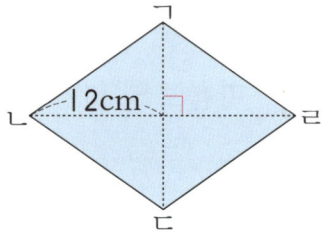

[답] _____

5 마름모 가의 넓이는 마름모 나의 넓이의 3배입니다. ☐ 안에 알맞은 수를 써
넣으시오.

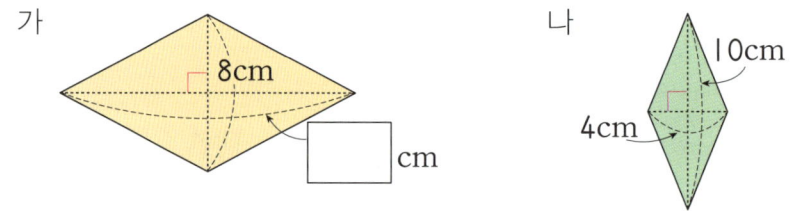

6 모눈 한 칸의 길이가 1cm일 때, 모눈종이 위에 넓이가 48cm²인 서로 다른
모양의 마름모를 2개 그리시오.

❀ 이름 :

❀ 날짜 :

❀ 시간 :　시　분 ~ 시　분

확인

 ## 창의력 학습

그림에서 직선 가와 직선 나는 서로 평행합니다. 삼각형 ㉔와 넓이가 같은 삼각형을 찾아 색칠하시오.

현정이는 미술 시간에 다음과 같이 그림을 그렸습니다. 색칠된 부분에는 풀칠을 하여 모래를 뿌리려고 합니다. 모래를 뿌리려는 곳의 넓이는 몇 cm²입니까?

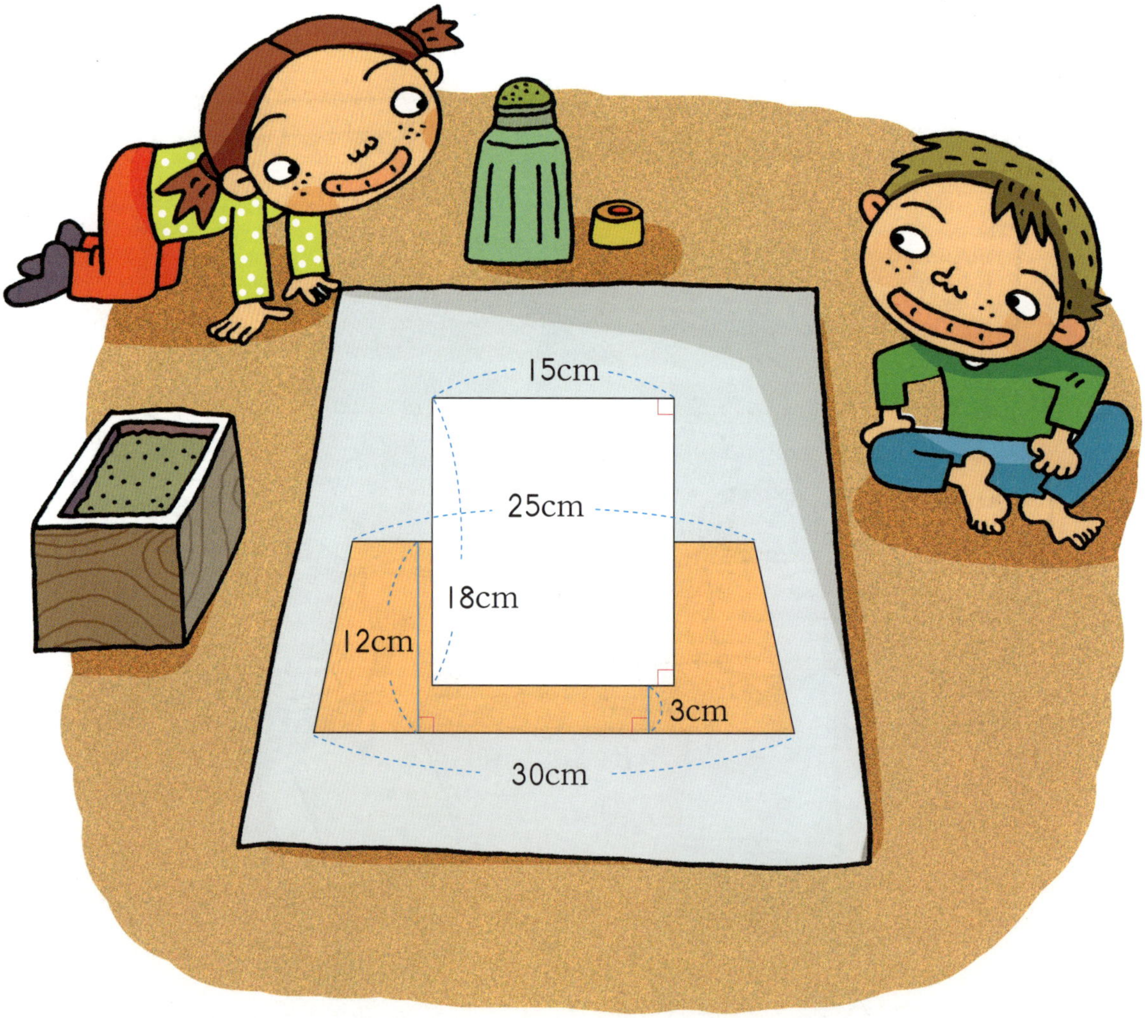

15cm

25cm

18cm

12cm

3cm

30cm

[답]

✿ 이름 :

✿ 날짜 :

✿ 시간 :　　시　　분 ~ 　　시　　분

확인

✚ 경시대회 예상문제

🐸 도형의 넓이를 구하시오. [1~2]

1

16cm

9cm

11cm

12cm

[답]

2

10cm

6cm

12cm

18cm

[답]

3 평행사변형의 넓이가 넓은 것부터 차례로 기호를 쓰시오.

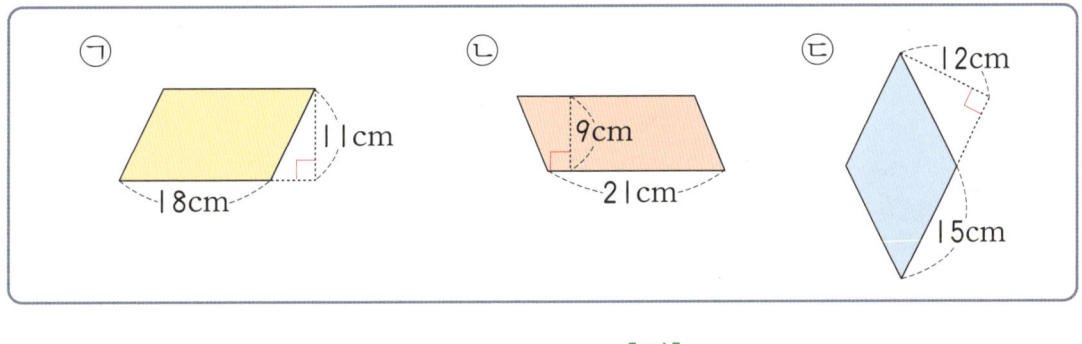

㉠　11cm　18cm

㉡　9cm　21cm

㉢　12cm　15cm

[답]

4 평행사변형과 삼각형의 넓이가 같습니다. ☐ 안에 알맞은 수를 써넣으시오.

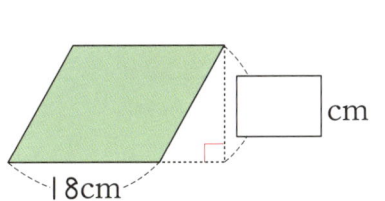

18cm　　☐ cm

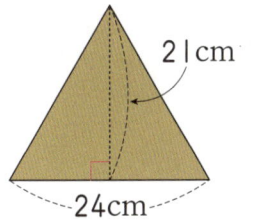

21cm

24cm

5 오른쪽 평행사변형에서 색칠한 부분의 넓이는
30cm²입니다. 평행사변형의 넓이는 몇 cm²입
니까?

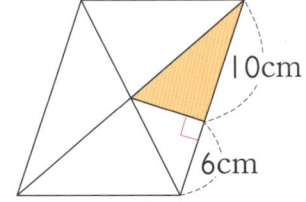

[답] _____

6 ☐ 안에 알맞은 수를 써넣으시오.

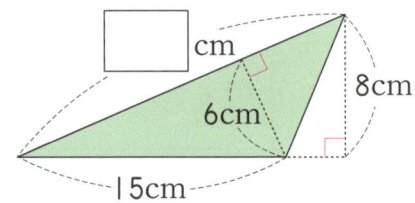

7 그림에서 직선 ㄱㄴ과 직선 ㄷㄹ은 서로 평행합니다. 넓이가 다른 사다리꼴
을 찾아 쓰시오.

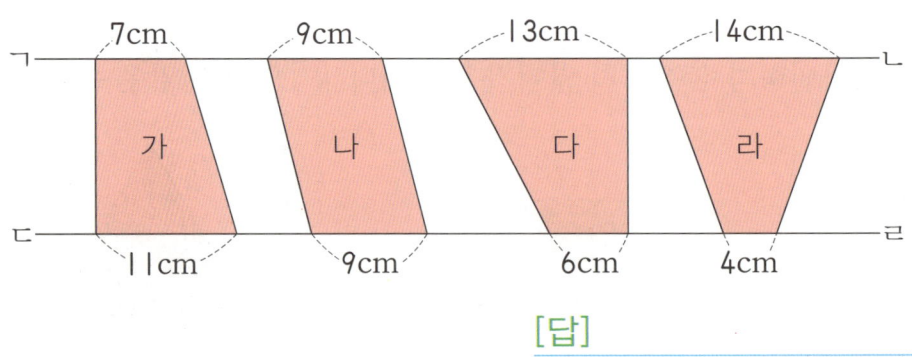

[답] _____

🐥 **서술형·논술형**

8 오른쪽 그림에서 사다리꼴 ㄱㄴㄷㅁ의 넓이와 삼각형 ㅁㄷㄹ의 넓이는 같습니다. 선분 ㄱㅁ의 길이는 몇 cm인지 풀이 과정을 쓰고 답을 구하시오.

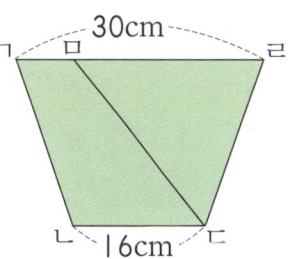

[답]

🐥 **서술형·논술형**

9 합동인 마름모 2개가 겹쳐져 있습니다. 전체 도형의 넓이는 몇 cm²인지 풀이 과정을 쓰고 답을 구하시오.

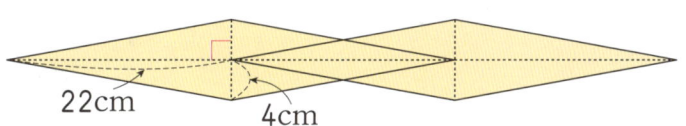

22cm   4cm

[답]

10 두 대각선의 길이의 합은 19cm이고 차는 3cm인 마름모의 넓이는 몇 cm² 입니까?

[답]

도형에서 색칠한 부분의 넓이를 구하시오. [11～14]

11

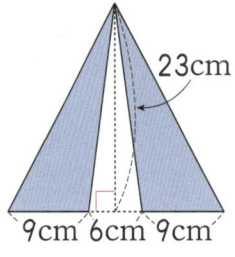

23cm

9cm 6cm 9cm

[답] _____

12

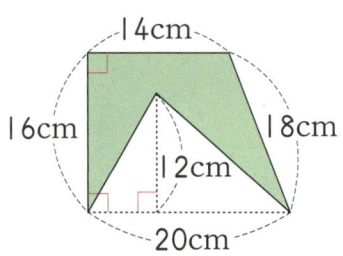

14cm

16cm   18cm

12cm

20cm

[답] _____

13

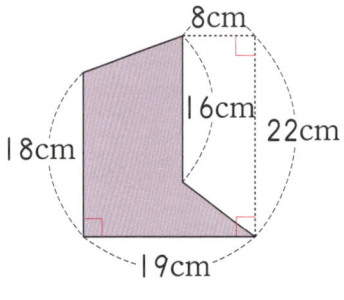

8cm

16cm   22cm

18cm

19cm

[답] _____

14

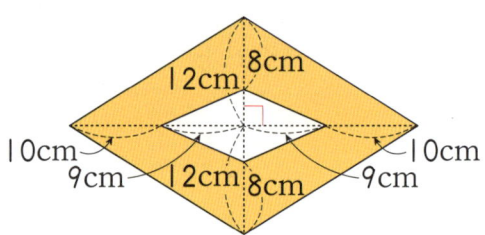

12cm 8cm

10cm   10cm

9cm 12cm 8cm 9cm

[답] _____

15 색칠한 부분의 넓이가 75cm²일 때, ☐ 안에 알맞은 수를 써넣으시오.

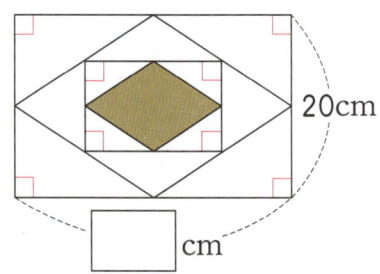

20cm

☐ cm

사고력도 탄탄! 창의력도 탄탄!

13

1136a ~ 1150b

학습 관리표

학습 내용		이번 주는?
여러 가지 단위	· 넓이의 단위 m², a · 넓이의 단위 ha, km² · 넓이의 단위 관계 · 무게의 단위 · 창의력 학습 · 경시대회 예상문제	· 학습 방법 : ① 매일매일　② 가끔　③ 한꺼번에 　　　　　　 하였습니다. · 학습 태도 : ① 스스로 잘　② 시켜서 억지로 　　　　　　 하였습니다. · 학습 흥미 : ① 재미있게　② 싫증내며 　　　　　　 하였습니다. · 교재 내용 : ① 적합하다고 ② 어렵다고　③ 쉽다고 　　　　　　 하였습니다.
지도 교사가 부모님께		부모님이 지도 교사께
평가	Ⓐ 아주 잘함　　　Ⓑ 잘함　　　Ⓒ 보통　　　Ⓓ 부족함	

원(교)　　　　반　　이름　　　　　전화

기초부터 탄탄하게
G 기탄교육
www.gitan.co.kr / (02)586-1007(대)

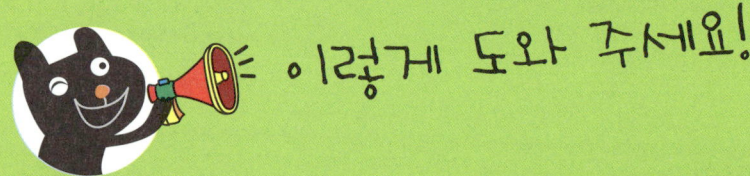

이렇게 도와 주세요!

● 학습 목표
- 넓이의 단위인 m^2와 a의 필요성을 알고 단위 관계를 알 수 있습니다.
- 넓이의 단위인 ha와 km^2의 필요성을 알고 단위 관계를 알 수 있습니다.
- 넓이의 단위 m^2, a, ha, km^2를 이해하고 서로 다른 단위로 바꾸어서 나타낼 수 있습니다.
- 무게의 단위 t의 필요성을 알 수 있습니다.
- 1kg과 1t의 단위 관계를 알고 실생활에 활용할 수 있습니다.

● 지도 내용
- 넓이의 단위인 m^2와 a의 필요성을 알고 서로 다른 단위로 바꾸어 나타내어 봅니다.
- 넓이의 단위인 ha와 km^2의 필요성을 알고 서로 다른 단위로 바꾸어 나타내어 봅니다.
- 넓이의 단위 m^2, a, ha, km^2 사이의 관계를 알고 서로 다른 단위로 바꾸어 나타내어 봅니다.
- 무게의 단위 kg과 t을 알고 이 단위들을 서로 다른 단위로 바꾸어 나타내어 봅니다.

● 지도 요점
무게의 기본 단위인 g과 kg, 넓이의 기본 단위인 cm^2를 이미 학습하였습니다. 이번에는 좀 더 구체적으로 실생활에 자주 이용하는 넓이의 단위인 m^2, a, ha, km^2의 필요성과 각 단위들 간의 관계를 알아보고 어떤 상황에서 어떤 단위를 써야 하는지 알 수 있도록 합니다. 또한 무게의 단위인 t을 알아야 하는 이유와 실생활에서 사용되는 상황을 알 수 있도록 합니다.

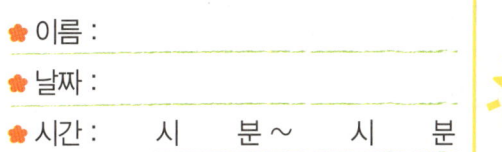

◆ 넓이의 단위 m², a (1) ◆

- 한 변이 1m인 정사각형의 넓이를 1m²라 쓰고 1 제곱미터라고 읽습니다.

$$1m^2 = 10000cm^2$$

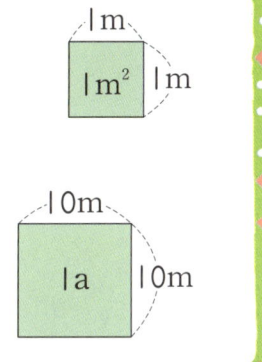

- 한 변이 10m인 정사각형의 넓이를 1a라 쓰고 1 아르라고 읽습니다.

$$1a = 100m^2$$

1 1m²를 쓰고 읽어 보시오.

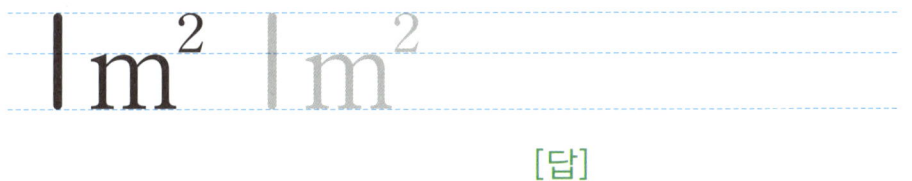

[답]

2 1a를 쓰고 읽어 보시오.

[답]

 □ 안에 알맞은 수를 써넣으시오. [3~10]

3 $4m^2 = $ ☐ cm^2

4 $20m^2 = $ ☐ cm^2

5 $0.5m^2 = $ ☐ cm^2

6 $37000cm^2 = $ ☐ m^2

7 $2a = $ ☐ m^2

8 $14a = $ ☐ m^2

9 $800m^2 = $ ☐ a

10 $6000m^2 = $ ☐ a

사고력 학습

I-137a

★ 이름 :

★ 날짜 :

★ 시간 :　　시　　분 ～　　시　　분

확인

◆ **넓이의 단위 m², a (2)** ◆

1 관계있는 것끼리 선으로 이으시오.

$71000cm^2$ ·

$7.1a$ ·

· $7.1m^2$

· $71m^2$

· $710m^2$

2 다음 중 틀린 것을 찾아 기호를 쓰시오.

> ㉠ $3m^2 = 30000cm^2$　　　㉡ $830m^2 = 8.3a$
> ㉢ $290000cm^2 = 290m^2$　　㉣ $540a = 54000m^2$

[답]

🐸 넓이를 비교하여 ○ 안에 >, =, < 를 알맞게 써넣으시오. [3~4]

3 $6000cm^2$ ◯ $6m^2$

4 $0.15a$ ◯ $1.5m^2$

사고력 학습

🐸 ☐ 안에 알맞은 수를 써넣으시오. [5~6]

5 $14000000cm^2 = $ ☐ $m^2 = $ ☐ a

6 $29m^2 = $ ☐ $a = $ ☐ cm^2

7 넓이가 다른 하나를 찾아 ◯표 하시오.

$640m^2$	$64a$	$6400000cm^2$
( )	( )	( )

8 넓이가 좁은 것부터 차례로 기호를 쓰시오.

㉠ $8030000cm^2$ ㉡ $810m^2$ ㉢ $8300000cm^2$ ㉣ $8a$

[답] _____

🌸 이름 :

🌸 날짜 :

🌸 시간 :　　시　분 ~　　시　분

확인

◆ **넓이의 단위 m^2, a (3)** ◆

🐸 다음 도형의 넓이를 구하여 주어진 단위에 알맞게 나타내시오. [1~6]

1

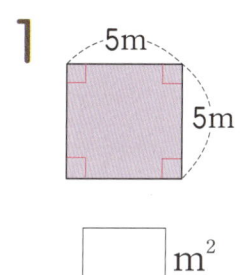

5m, 5m

☐ m^2

2

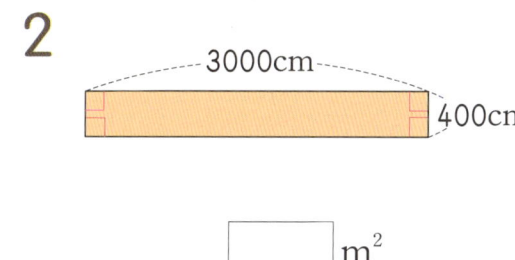

3000cm, 400cm

☐ m^2

3

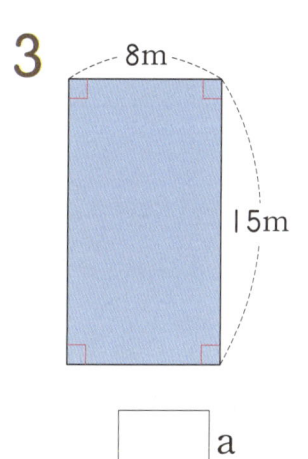

8m, 15m

☐ a

4

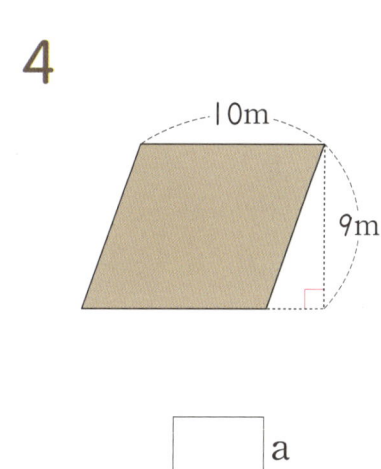

10m, 9m

☐ a

5

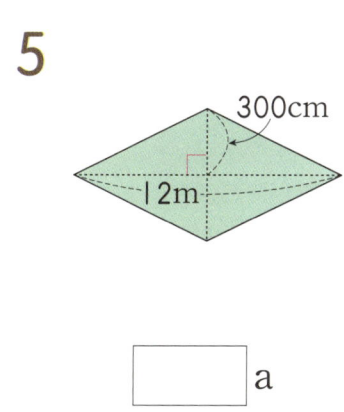

300cm, 12m

☐ a

6

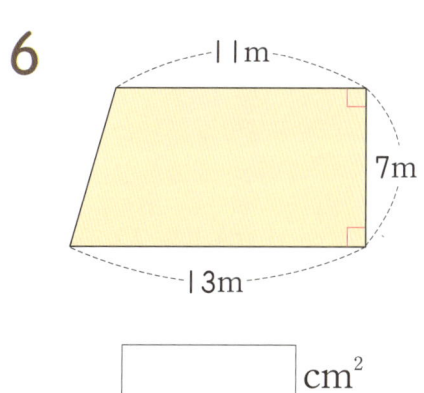

11m, 7m, 13m

☐ cm^2

사고력 학습

7 한 변이 400m인 정사각형 모양의 땅이 있습니다. 이 땅의 넓이는 몇 a입니까?

[답] _____

8 가로가 1600cm, 세로가 900cm인 직사각형 모양의 연못이 있습니다. 이 연못의 넓이는 몇 a입니까?

[답] _____

9 넓이가 81a인 정사각형 모양의 주차장이 있습니다. 이 주차장의 한 변은 몇 m입니까?

[답] _____

10 오른쪽 삼각형의 넓이가 23.1a일 때, 높이는 몇 m입니까?

[답] _____

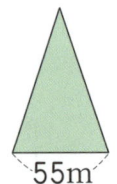

55m

🌸 이름 :

🌸 날짜 :

🌸 시간 :　　시　　분 ~ 　　시　　분

확인

◆ 넓이의 단위 ha, km² (1) ◆

- 한 변이 100m인 정사각형의 넓이를 1ha라 쓰고 1 헥타르라고 읽습니다.

$$1ha = 10000m^2$$

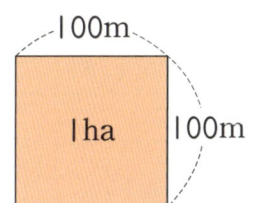

- 한 변이 1km인 정사각형의 넓이를 1km²라 쓰고 1 제곱킬로미터라고 읽습니다.

$$1km^2 = 1000000m^2$$

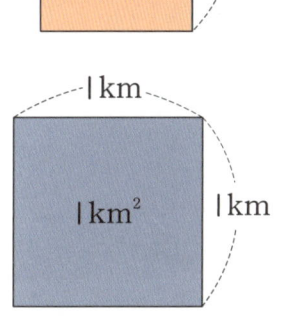

1 1ha를 쓰고 읽어 보시오.

[답]

2 1km²를 쓰고 읽어 보시오.

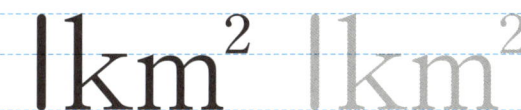

[답]

사고력 학습

□ 안에 알맞은 수를 써넣으시오. [3~10]

3 3ha = ☐ m²

4 27ha = ☐ m²

5 500000m² = ☐ ha

6 81000m² = ☐ ha

7 8km² = ☐ m²

8 405km² = ☐ m²

9 10000000m² = ☐ km²

10 900000000m² = ☐ km²

사고력 학습

● 이름 :

● 날짜 :

● 시간 :　시　분 ～　시　분

확인

◆ **넓이의 단위 ha, km² (2)** ◆

1 관계있는 것끼리 선으로 이으시오.

60ha •

6km² •

• 60000m²

• 600000m²

• 6000000m²

2 다음 중 옳은 것을 찾아 기호를 쓰시오.

㉠ 300000m² = 3km²　　㉡ 0.4ha = 40000m²

㉢ 108000m² = 1.08ha　　㉣ 560000000m² = 560km²

[답]

3 넓이가 더 넓은 쪽에 ○표 하시오.

91km²　　　91000ha

(　　　　)　　(　　　　)

4 넓이가 다른 하나를 찾아 기호를 쓰시오.

> ㉠ 6.4km^2 ㉡ 64ha   ㉢ 640000m^2

[답]

5 넓이가 가장 넓은 도시를 찾아 쓰시오.

도시	가	나	다	라
넓이	1848400000m^2	100207ha	884460000m^2	765.64km^2

[답]

6 어느 공원의 넓이는 180ha입니다. 이 공원의 넓이는 몇 km^{2}입니까?

[답]

7 현수네 과수원의 넓이는 50.3km^{2}입니다. 이 과수원의 넓이는 몇 ha입니까?

[답]

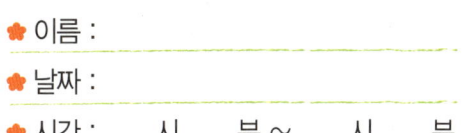

◆ **넓이의 단위 ha, km² (3)** ◆

🐸 다음 도형의 넓이를 구하여 주어진 단위에 알맞게 나타내시오. [1~4]

1
400m
400m

☐ ha

2
1200m
360m

☐ ha

3
750m
1800m

☐ km²

4
1425m
575m
900m

☐ km²

5 오른쪽 삼각형의 넓이를 구하여 주어진 단위에 맞게 ☐ 안에 알맞은 수를 써넣으시오.

☐ ha

☐ km²

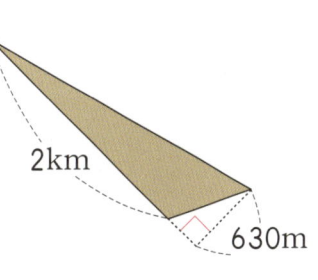

2km
630m

6 한 변이 2km 400m인 정사각형 모양의 밭이 있습니다. 이 밭의 넓이는 몇 ha입니까?

[답] _____

7 현욱이네 마을에는 150ha의 공원과 18km²의 산이 있습니다. 이 마을의 공원과 산을 합하면 몇 km²입니까?

[답] _____

🐸 도형의 넓이가 다음과 같을 때, ☐ 안에 알맞은 수를 써넣으시오. [8~9]

8 넓이: 600ha

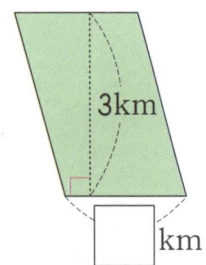

3km

☐ km

9 넓이: 2.47km²

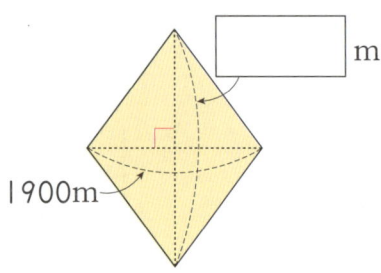

☐ m

1900m

◆ **넓이의 단위 관계(1)** ◆

1 ☐ 안에 알맞은 수를 써넣으시오.

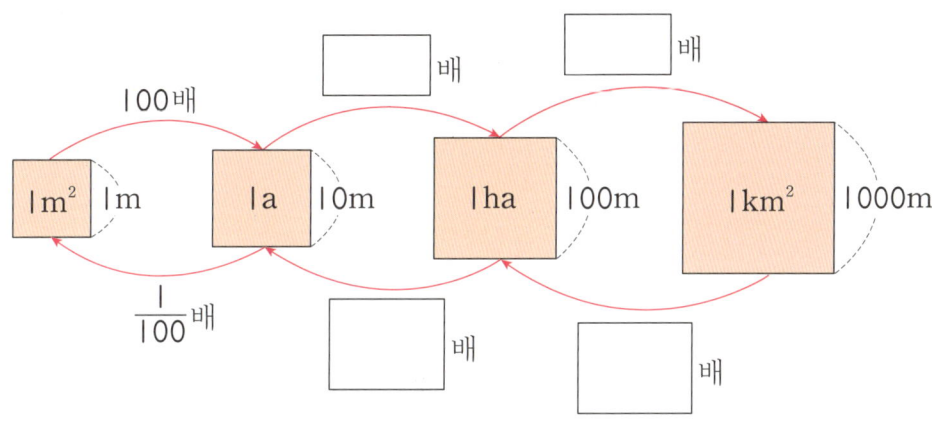

🐸 넓이의 단위 m^2, a, ha, km^2 사이의 관계를 알아보려고 합니다. ☐ 안에 알맞은 수를 써넣으시오. [2~4]

2 $1m^2 = 1ha \times \dfrac{1}{\boxed{}} = \dfrac{1}{\boxed{}} ha$

3 $1ha = 1a \times \boxed{} = \boxed{} a$

4 $1km^2 = 1a \times \boxed{} = \boxed{} a$

사고력 학습

□ 안에 알맞은 수를 써넣으시오. [5～12]

5 $300\text{m}^2=\boxed{}\,\text{a}$

6 $400000\text{m}^2=\boxed{}\,\text{ha}$

7 $10\text{ha}=\boxed{}\,\text{a}$

8 $5\text{km}^2=\boxed{}\,\text{a}$

9 $704000\text{a}=\boxed{}\,\text{km}^2$

10 $256\text{ha}=\boxed{}\,\text{km}^2$

11 $80\text{km}^2=\boxed{}\,\text{ha}$

12 $7.1\text{km}^2=\boxed{}\,\text{a}$

 사고력 학습

✽ 이름 :

✽ 날짜 :

✽ 시간 :　시　분 ~　시　분

확인

◆ **넓이의 단위 관계(2)** ◆

다음 넓이에 알맞은 단위를 보기 에서 골라 ☐ 안에 써넣으시오. [1~5]

보기

| cm^2 | m^2 | a | ha | km^2 |

1 내 방의 넓이 ➡ 약 10 ☐

2 수목원의 넓이 ➡ 약 230 ☐

3 아버지 책상의 넓이 ➡ 약 7200 ☐

4 체육관의 넓이 ➡ 약 94 ☐

5 우리나라 땅의 넓이 ➡ 약 220000 ☐

사고력 학습

다음을 보고 물음에 답하시오. [6~9]

> ㉠ 운동장의 넓이   ㉡ 교실의 넓이   ㉢ 제주도의 넓이
> ㉣ 호수의 넓이   ㉤ 논의 넓이   ㉥ 수학책 겉표지의 넓이
> ㉦ 마당의 넓이   ㉧ 축구장의 넓이   ㉨ 영국 땅의 넓이

6 넓이를 m^2로 나타내기에 적당한 것을 모두 찾아 기호를 쓰시오.

[답] _____

7 넓이를 a로 나타내기에 적당한 것을 모두 찾아 기호를 쓰시오.

[답] _____

8 넓이를 ha로 나타내기에 적당한 것을 모두 찾아 기호를 쓰시오.

[답] _____

9 넓이를 km^2로 나타내기에 적당한 것을 모두 찾아 기호를 쓰시오.

[답] _____

사고력 학습

이름 :

날짜 :

시간 :　시　분~　시　분

확인

◆ **넓이의 단위 관계(3)** ◆

1 □ 안에 들어갈 단위가 다른 것을 찾아 기호를 쓰시오.

㉠ $4300m^2 = 43\square$ ㉡ $7100000\square = 710km^2$

㉢ $0.9km^2 = 9000\square$ ㉣ $80500ha = 805\square$

[답]

2 오른쪽 직사각형의 넓이를 여러 가지 넓이의 단위로 나타내려고 합니다. 바르게 나타낸 것을 찾아 기호를 쓰시오.

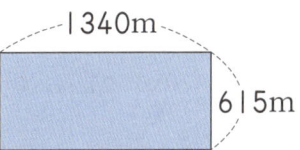

1340m

615m

㉠ $8.241km^2$ ㉡ $82.41ha$

㉢ $8241000m^2$ ㉣ $824100a$

[답]

3 다음을 읽고 가장 넓은 과수원을 가지고 있는 학생의 이름을 쓰시오.

민지: 우리 과수원의 넓이는 $0.807km^2$야.

희수: 우리 과수원의 넓이는 $807ha$이지.

승유: 우리 과수원의 넓이는 $80700m^2$인데.

세경: 우리 과수원의 넓이는 $80.7a$야.

[답]

사고력 학습

4 한 변이 2km 300m인 정사각형 모양의 들판이 있습니다. 이 들판의 넓이는 몇 a입니까?

[답] _____

5 넓이가 3km²인 땅을 나누어 넓이가 1ha인 논을 만들려고 합니다. 만들 수 있는 논은 모두 몇 개입니까?

[답] _____

6 다음 마름모의 넓이는 9750a입니다. 선분 ㄱㄷ의 길이는 몇 km입니까?

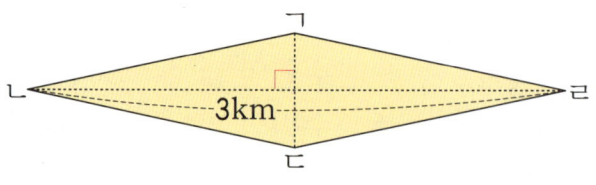

[답] _____

🌸 이름 :

🌸 날짜 :

🌸 시간 :   시   분 ~   시   분

확인

◆ **무게의 단위(1)** ◆

> 1000kg의 무게를 1t이라 쓰고 1 톤이라고 읽습니다.
>
> 1t＝1000kg

1 1t을 쓰고 읽어 보시오.

[답]

2 1t은 1kg의 몇 배입니까?

[답]

3 ㉠은 ㉡의 몇 배입니까?

㉠ 8t	㉡ 8000g

[답]

사고력 학습

다음 무게에 알맞은 단위를 보기 에서 골라 □ 안에 써넣으시오. [4~6]

보기

| g | kg | t |

4 아버지의 몸무게 ➡ 약 73 □

5 지우개 한 개의 무게 ➡ 약 21 □

6 버스 한 대의 무게 ➡ 약 15 □

7 무게의 단위를 잘못 나타낸 것을 찾아 기호를 쓰시오.

㉠ 고양이의 무게 ➡ 약 2.9t   ㉡ 자동차의 무게 ➡ 약 1t
㉢ 침대의 무게 ➡ 약 47kg   ㉣ 휴대폰의 무게 ➡ 약 135g

[답]

★ 이름 :

★ 날짜 :

★ 시간 :   시   분 ~   시   분

확인

◆ **무게의 단위(2)** ◆

🐸 ☐ 안에 알맞은 수를 써넣으시오. [1~8]

1 5t = ☐ kg

2 9000kg = ☐ t

3 1800kg = ☐ t

4 24t = ☐ kg

5 5t 700kg = ☐ kg

6 12t 60kg = ☐ kg

7 6300kg = ☐ t ☐ kg = ☐ t

8 20500070g = ☐ t ☐ kg ☐ g

사고력 학습

9 은서네 과수원에서 올해 수확한 과일은 모두 **5200kg**입니다. 수확한 과일은 모두 몇 t입니까?

[답]

🐸 무게를 비교하여 ○ 안에 >, =, <를 알맞게 써넣으시오. [10~11]

10 | 5050kg | ○ | 50t 50kg |

11 | 0.9t | ○ | 704kg |

12 무게가 무거운 것부터 차례로 기호를 쓰시오.

> ㉠ 3600kg ㉡ 6t 200kg
> ㉢ 12.1t ㉣ 4400000g

[답]

♠ 이름 :

♠ 날짜 :

♠ 시간 :　　시　　분 ~ 　　시　　분

확인

◆ 무게의 단위(3) ◆

1 관계있는 것끼리 선으로 이으시오.

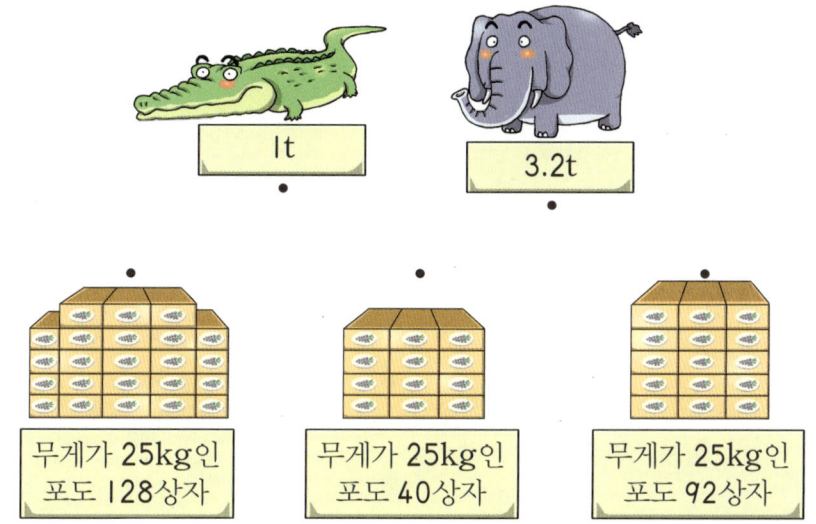

| It | 3.2t |

무게가 25kg인
포도 128상자

무게가 25kg인
포도 40상자

무게가 25kg인
포도 92상자

2 재호네 마을에서는 다음 표와 같이 쌀을 수확하였습니다. 물음에 답하시오.

재호네 마을의 쌀 수확량

가구	재호네	명숙이네	정종이네	신희네
수확량(kg)	1080	940	1200	780

(1) 재호네 마을의 쌀 수확량은 모두 몇 kg입니까?

[답]

(2) 재호네 마을의 쌀을 트럭에 모두 실어 시장에 팔려고 합니다. 적어도 몇 t 트럭이 필요합니까?

[답]

3 고구마 4050kg과 감자 9t 800kg은 모두 몇 t입니까?

[답]

4 사과 한 상자는 20kg입니다. 사과 300상자는 모두 몇 t입니까?

[답]

5 10t까지 짐을 실을 수 있는 트럭이 있습니다. 이 트럭에 한 개의 무게가 80kg인 상자를 몇 개까지 실을 수 있습니까?

[답]

6 석유 탱크에 석유를 채우는 데 10분에 400kg씩 한 시간 동안 넣었습니다. 석유 탱크에 넣은 석유는 모두 몇 t입니까?

[답]

	이름 :
	날짜 :
	시간 :　시　분 ~ 시　분

확인

🌐 창의력 학습

가로가 2km 400m, 세로가 1km 250m인 직사각형 모양의 땅에 100a마다 다른 종류의 나무를 심으려고 합니다. 모두 몇 종류의 나무를 심을 수 있습니까?

[답]

창의력 학습

어느 땅굴을 보기 위해서는 최대 600kg까지 사람이 탈 수 있는 엘리베이터를 타고 안으로 들어가야 합니다. 몸무게가 35kg인 어린이 41명이 땅굴 속에 모두 들어가기 위해서는 이 엘리베이터를 적어도 몇 번 사용해야 합니까?

[답]

 창의력 학습

이름 :

날짜 :

시간 : 시 분 ~ 시 분

확인

 **경시대회 예상문제**

1 다음 중 옳은 것을 모두 찾아 기호를 쓰시오.

> ㉠ $1000m^2 = 1km^2$ ㉡ $1000a = 1ha$
>
> ㉢ $10ha = 0.1km^2$ ㉣ $1000000m^2 = 1000ha$
>
> ㉤ $1km^2 = 100000a$ ㉥ $10000a = 1000000m^2$

[답]

2 □ 안에 알맞은 수를 써넣으시오.

$3.8km^2 = \boxed{} ha = \boxed{} a$

$= \boxed{} m^2 = \boxed{} cm^2$

3 주어진 무게를 t과 g 단위로 각각 나타내어 차례로 쓰시오.

> 82t 500kg

[답]

4 모래와 시멘트가 다음과 같이 있습니다. 모래의 양은 시멘트의 양의 몇 배입니까?

모래: 15t	시멘트: 600kg

[답] _____

5 넓이가 121a인 정사각형 모양의 정원이 있습니다. 이 정원의 한 변은 몇 m입니까?

[답] _____

6 다음 사다리꼴의 넓이가 1085a일 때, ☐ 안에 알맞은 수를 써넣으시오.

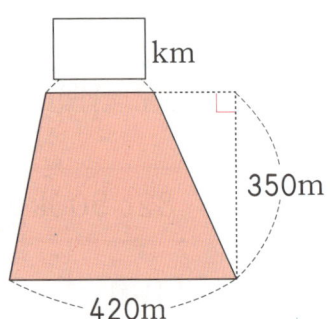

☐ km

350m

420m

서술형·논술형

7 시영이네 마을에서 다음과 같이 밤을 수확하였습니다. 시영이네 마을의 밤 수확량이 3t일 때, 시영이네가 수확한 밤은 몇 kg인 풀이 과정을 쓰고 답을 구하시오.

시영이네 마을의 밤 수확량

가구	시영이네	호진이네	세희네	승모네
수확량(kg)		640	720	690

[답]

8 민정이네 아버지가 가지고 있는 트럭이 실을 수 있는 무게는 최대 1.2t입니다. 물음에 답하시오.

(1) 무게가 15kg인 세탁기는 최대 몇 대까지 실을 수 있습니까?

[답]

(2) 무게가 80kg인 냉장고는 최대 몇 대까지 실을 수 있습니까?

[답]

(3) 트럭에 15kg인 세탁기를 40대, 80kg인 냉장고를 6대 싣는다면 24kg인 텔레비전은 최대 몇 대까지 실을 수 있습니까?

[답]

9 한 상자가 40kg인 파인애플 1000상자가 있습니다. 5t 트럭을 이용하여 이 파인애플을 한꺼번에 옮기려고 할 때, 트럭은 적어도 몇 대 필요합니까?

[답]

서술형·논술형

10 오른쪽 그림에서 색칠한 마름모의 넓이는 몇 ha인지 풀이 과정을 쓰고 답을 구하시오.

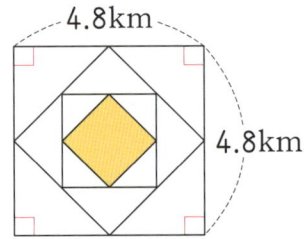

[답]

11 두 대각선의 길이의 합이 3.1km이고 차가 700m인 마름모 모양의 땅이 있습니다. 이 땅의 넓이는 몇 km^2입니까?

[답]

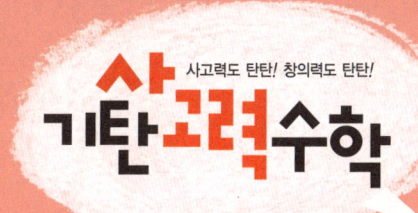

사고력도 탄탄! 창의력도 탄탄!

기탄고력수학

13

1151a ~ 1165b

학습 관리표

학습 내용		이번 주는?
확인 학습	· 평면도형의 넓이 · 여러 가지 단위 · 창의력 학습 · 경시대회 예상문제	• 학습 방법 : ① 매일매일　② 가끔　③ 한꺼번에 　　　　　 하였습니다. • 학습 태도 : ① 스스로 잘　② 시켜서 억지로 　　　　　 하였습니다. • 학습 흥미 : ① 재미있게　② 싫증내며 　　　　　 하였습니다. • 교재 내용 : ① 적합하다고 ② 어렵다고　③ 쉽다고 　　　　　 하였습니다.

지도 교사가 부모님께	부모님이 지도 교사께

평가	Ⓐ 아주 잘함	Ⓑ 잘함	Ⓒ 보통	Ⓓ 부족함

원(교)　　　　반　　이름　　　　　전화

기초부터 탄탄하게
G 기탄교육

www.gitan.co.kr / (02)586-1007(대)

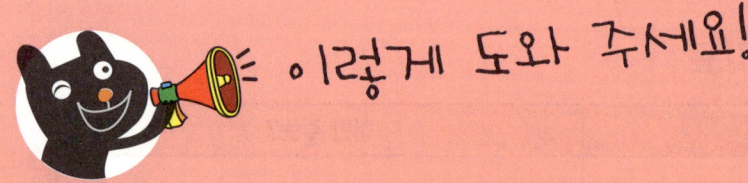

이렇게 도와 주세요!

● **학습 목표**
– 평행사변형의 넓이를 구하는 방법을 이해하고 넓이를 구할 수 있습니다.
– 삼각형의 넓이를 구하는 방법을 이해하고 넓이를 구할 수 있습니다.
– 사다리꼴의 넓이를 구하는 방법을 이해하고 넓이를 구할 수 있습니다.
– 마름모의 넓이를 구하는 방법을 이해하고 넓이를 구할 수 있습니다.
– 넓이의 단위 m^2, a, ha, km^2를 이해하고 서로 다른 단위로 바꾸어서 나타낼 수 있습니다.
– 1kg과 1t의 단위를 알고 그 관계를 이해할 수 있습니다.

● **지도 내용**
– 평행사변형, 삼각형, 사다리꼴, 마름모를 여러 가지 도형으로 나누어 넓이를 구해 봅니다.
– 넓이의 단위 m^2, a, ha, km^2 사이의 관계를 알고 서로 다른 단위로 바꾸어 나타내어 봅니다.
– 무게의 단위 kg과 t을 알고 이 단위들을 서로 다른 단위로 바꾸어 나타내어 봅니다.

● **지도 요점**
앞에서 학습한 평면도형의 넓이, 여러 가지 단위를 확인 학습하는 주입니다. 여러 유형의 문제를 접해 보게 함으로써 학습한 내용을 응용할 수 있도록 지도해 주세요.

★ 이름 :

★ 날짜 :

★ 시간 :　　시　　분 ~　　시　　분

확인

◆ **평면도형의 넓이**(1) ◆

1 오른쪽 삼각형에서 높이가 될 수 있는 것을 찾아 기호를 쓰시오.

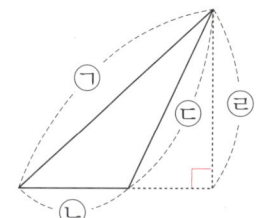

[답]

2 평행사변형의 높이는 몇 cm입니까?

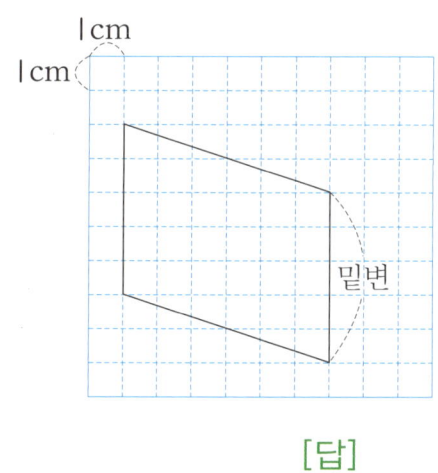

1cm

1cm

밑변

[답]

🐸 도형의 넓이를 구하시오. [3~4]

3

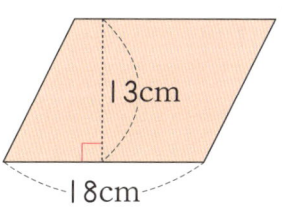

13cm

18cm

[답]

4

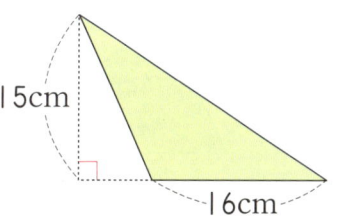

15cm

16cm

[답]

5 밑변이 24cm이고 높이가 17cm인 삼각형의 넓이는 몇 cm²입니까?

[답] _____

6 삼각형의 넓이가 다른 하나를 찾아 쓰시오.

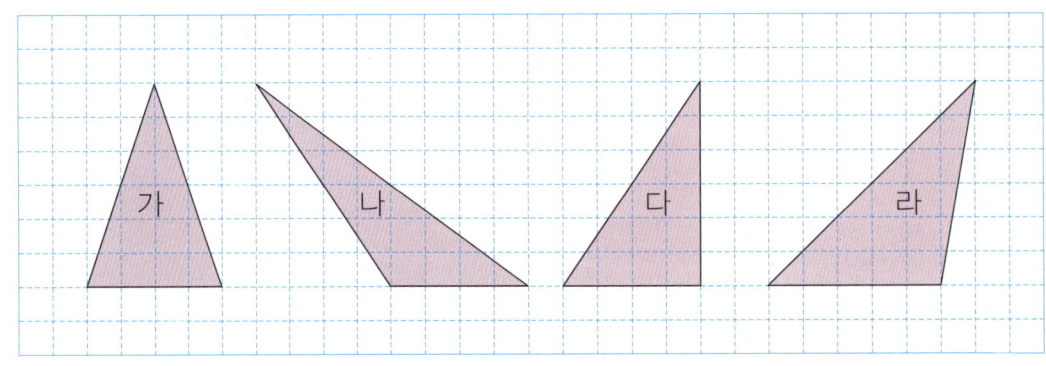

[답] _____

7 주어진 삼각형 2개로 밑변이 7cm, 높이가 4cm인 평행사변형을 만들고, 만든 평행사변형의 넓이를 구하시오.

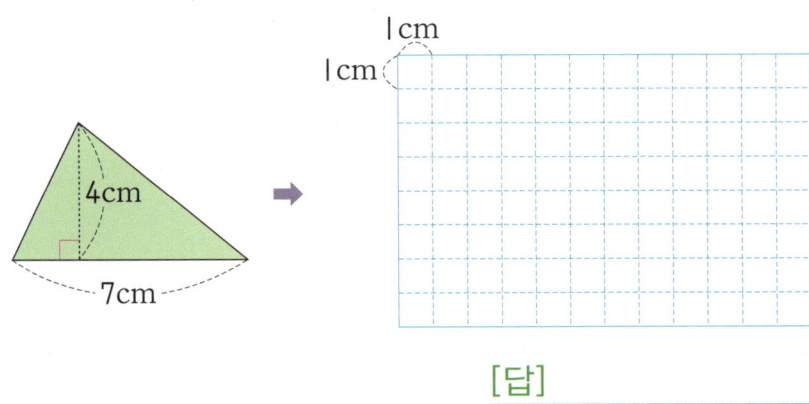

[답] _____

확인 학습

8 오른쪽 사다리꼴을 평행사변형과 삼각형으로 나누어 넓이를 구하려고 합니다. ☐ 안에 알맞은 수를 써넣으시오.

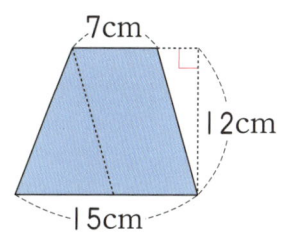

$$(7 \times \boxed{}) + (8 \times \boxed{} \div \boxed{}) = \boxed{} (cm^2)$$

9 가로가 20cm, 세로가 10cm인 직사각형 안에 네 변의 가운데를 이어 그린 마름모의 넓이는 몇 cm²입니까?

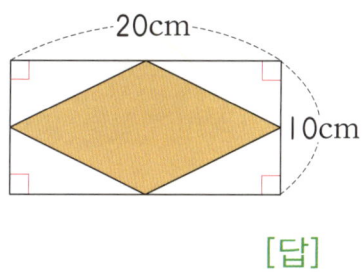

[답]

🐸 도형의 넓이를 구하시오. [10~11]

10

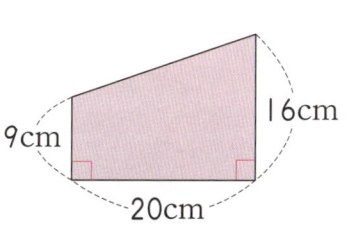

[답]

11

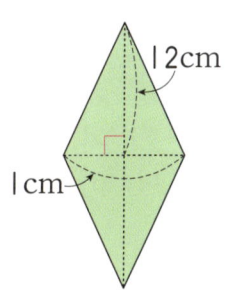

[답]

확인 학습

12 두 대각선의 길이가 각각 11cm, 14cm인 마름모가 있습니다. 이 마름모의 넓이는 몇 cm²입니까?

[답] _____

13 넓이가 가장 넓은 마름모를 찾아 기호를 쓰시오.

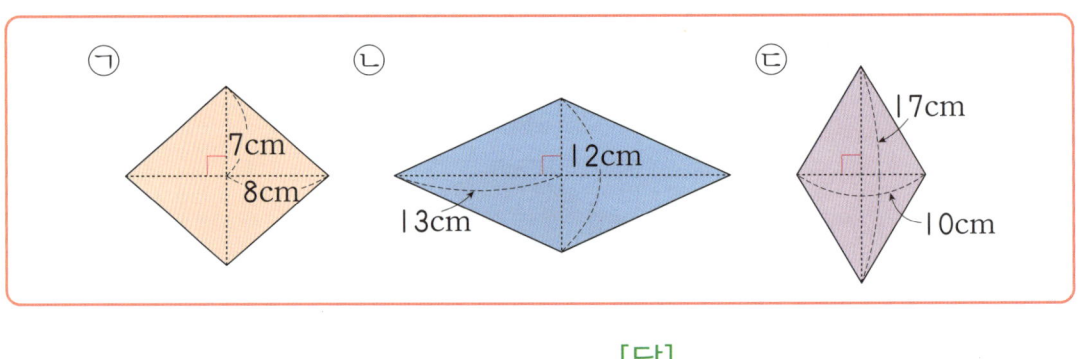

[답] _____

14 사다리꼴 가와 마름모 나 중에서 넓이가 더 넓은 도형을 찾아 쓰시오.

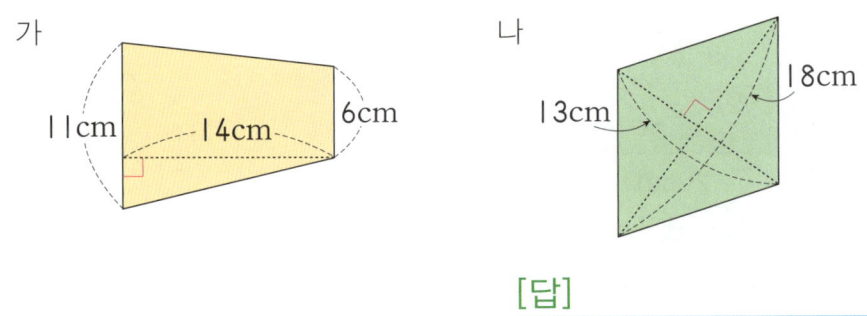

[답] _____

15 오른쪽 평행사변형은 합동인 삼각형 2개를 이어 붙여 만든 것입니다. 평행사변형의 넓이가 88cm²일 때, 삼각형의 높이는 몇 cm입니까?

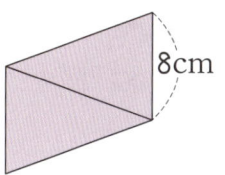

[답] _____

16 다음 사다리꼴의 넓이는 650cm²입니다. ☐ 안에 알맞은 수를 써넣으시오.

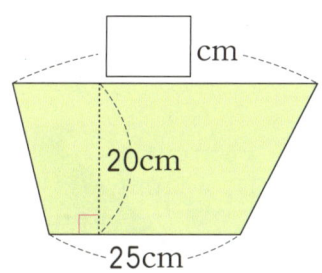

17 오른쪽 마름모 ㄱㄴㄷㄹ의 넓이는 144cm²입니다. 선분 ㄱㄷ의 길이는 몇 cm입니까?

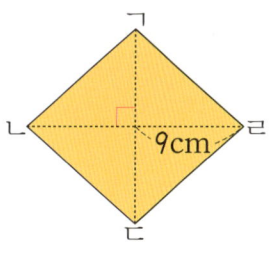

[답] _____

확인 학습

18 평행사변형과 사다리꼴의 넓이가 같습니다. 평행사변형의 밑변은 몇 cm입니까?

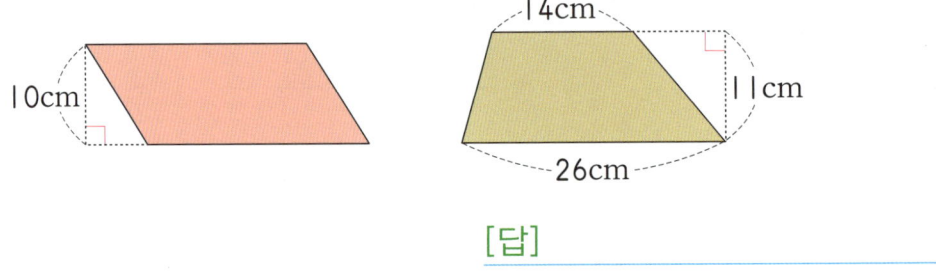

[답] _____

19 ☐ 안에 알맞은 수를 써넣으시오.

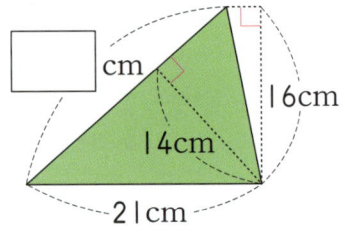

20 삼각형 ㄴㄷㄹ의 넓이는 90cm²입니다. 사다리꼴 ㄱㄴㄷㄹ의 넓이는 몇 cm²입니까?

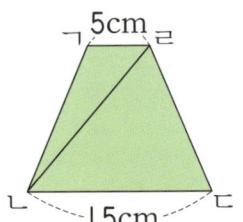

[답] _____

21 두 대각선의 길이의 합은 55cm이고 차는 5cm인 마름모의 넓이는 몇 cm^2
입니까?

[답] _____

22 색칠한 부분의 넓이는 몇 cm^{2}입니까?

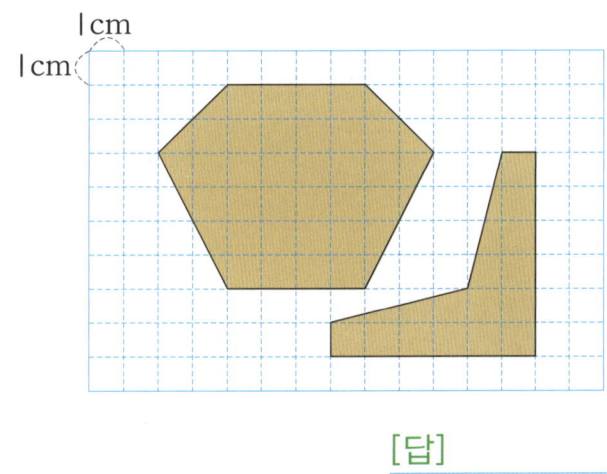

[답] _____

23 오른쪽 도형의 넓이는 몇 cm^{2}입니까?

[답] _____

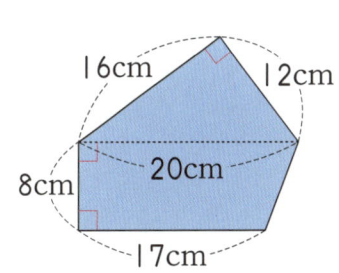

24 색칠한 부분의 넓이는 몇 cm²입니까?

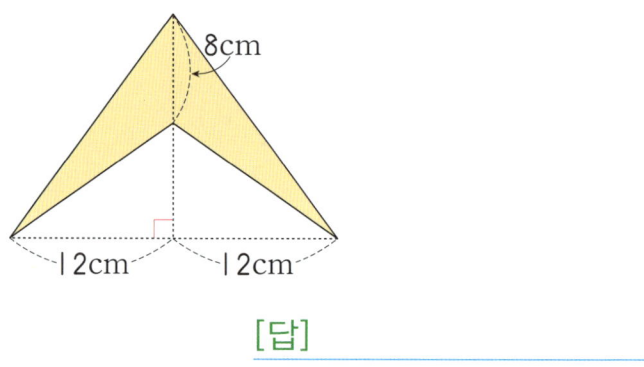

[답]

25 모눈 한 칸의 길이가 1cm일 때, 모눈종이 위에 넓이가 36cm²이고 모양이
다른 마름모를 2개 그리시오.

♣ 이름 :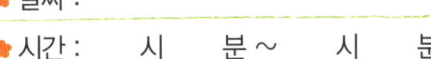

♣ 날짜 :

♣ 시간 :   시   분 ~   시   분

확인

◆ 평면도형의 넓이(2) ◆

□ 안에 알맞은 말을 써넣으시오. [1~2]

1
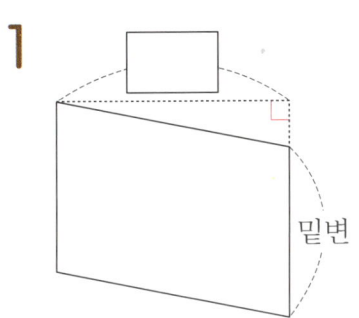
밑변

2
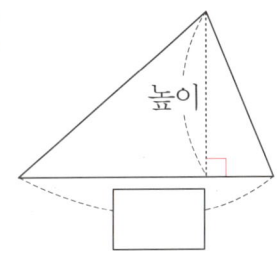
높이

3 밑변이 8cm이고 높이가 5cm인 평행사변형을 다음과 같이 자른 다음 직사각형을 만들었습니다. 평행사변형 ㄱㄴㄷㄹ의 넓이는 몇 cm²입니까?

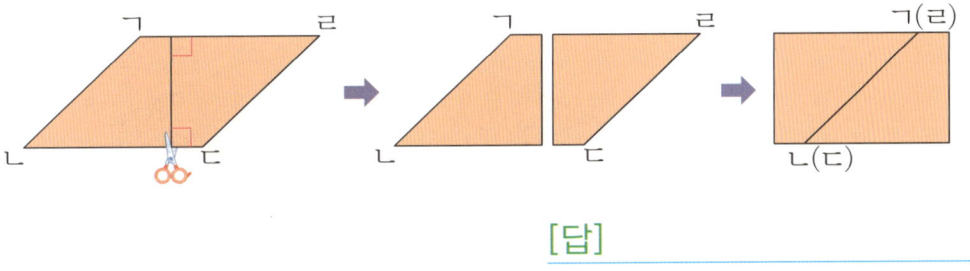

[답]

4 오른쪽 삼각형의 넓이를 구하려고 합니다. □ 안에 알맞은 수를 써넣으시오.

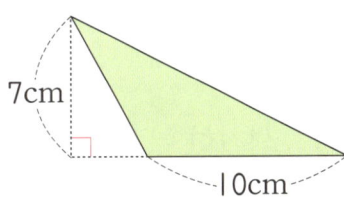

(삼각형의 넓이) = □ × □ ÷ □

= □ (cm²)

5 합동인 사다리꼴 2개를 이어 붙여서 평행사변형을 만들었습니다. 사다리꼴의 넓이는 몇 cm²입니까?

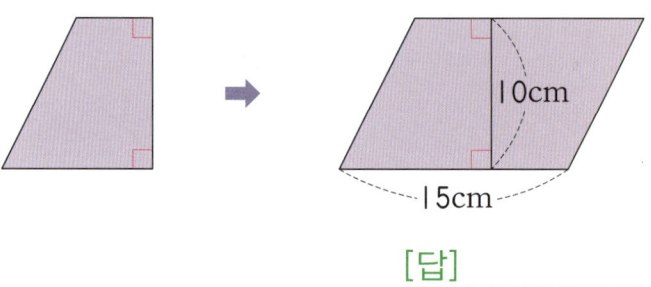

[답]

6 모눈 한 칸의 길이가 1cm일 때, 마름모의 넓이는 몇 cm²입니까?

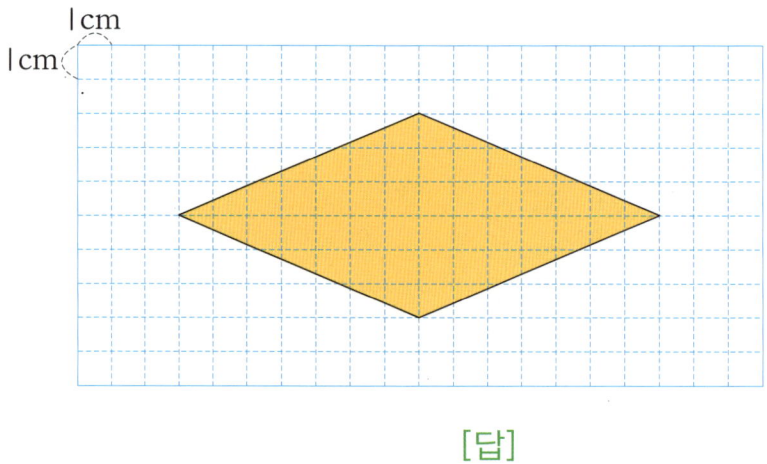

[답]

7 색칠한 부분의 넓이가 17cm²일 때, 마름모의 넓이는 몇 cm²입니까?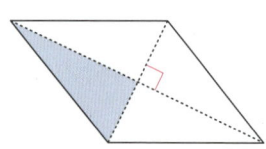

[답]

 확인 학습

🐸 도형의 넓이를 구하시오. [8~9]

8

11cm   8cm

[답]

9

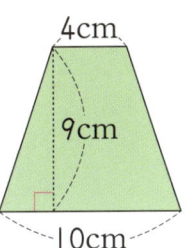

4cm

9cm

10cm

[답]

10 직선 가와 직선 나는 서로 평행합니다. 넓이가 다른 삼각형을 찾아 쓰시오.

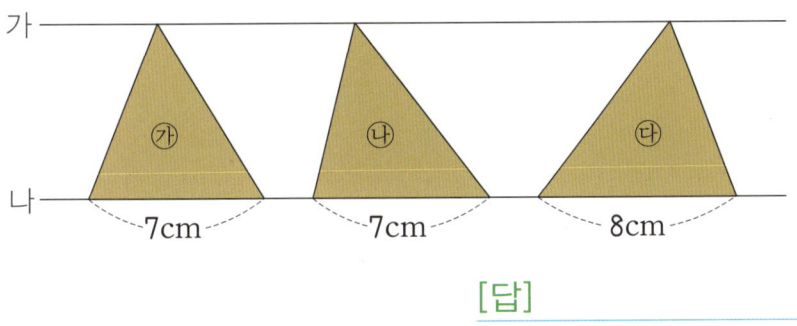

가

나

⑦   ⑭   ⑮

7cm   7cm   8cm

[답]

11 밑변이 15cm이고 높이가 8cm인 삼각형의 넓이는 몇 cm²입니까?

[답]

확인 학습 ☕

12 빈칸에 알맞은 수를 써넣으시오.

밑변(cm)	높이(cm)	평행사변형의 넓이(cm^2)
12		108
	21	357

13 다음 사다리꼴의 넓이는 $132cm^2$입니다. ☐ 안에 알맞은 수를 써넣으시오.

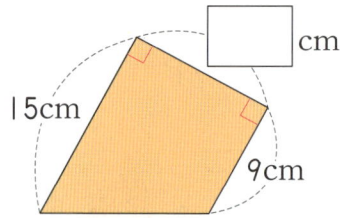

14 평행사변형과 삼각형은 넓이가 같습니다. ☐ 안에 알맞은 수를 써넣으시오.

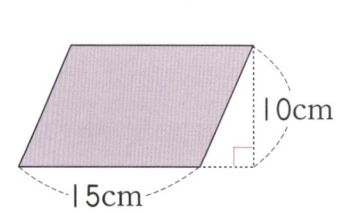

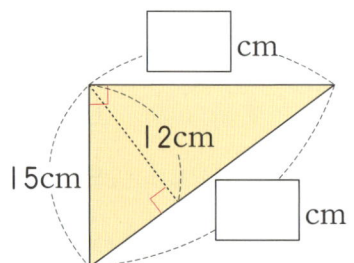

확인 학습

15 넓이가 같은 것끼리 짝지어 보시오.

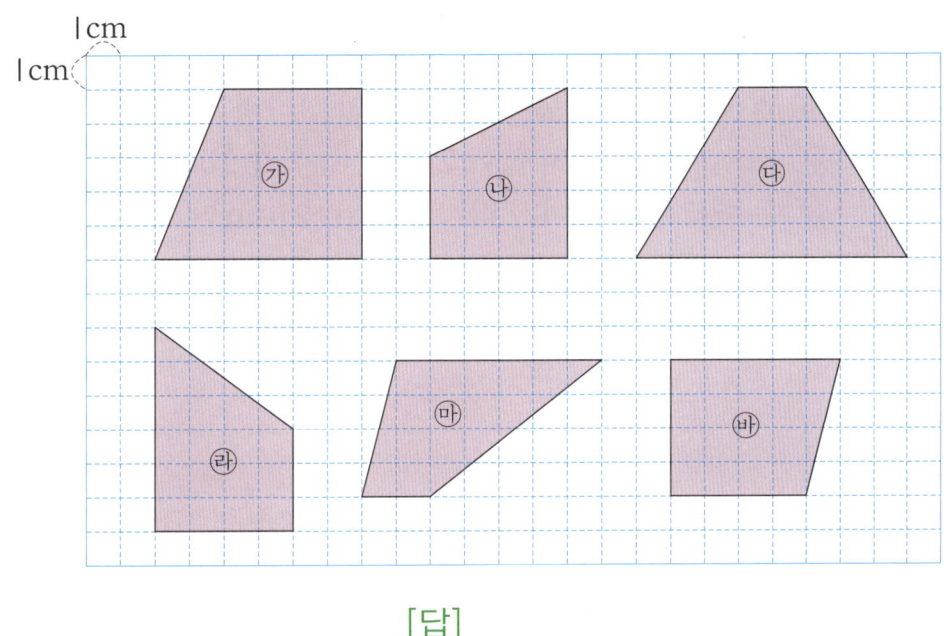

[답] _____

16 넓이가 더 넓은 마름모를 찾아 쓰시오.

가

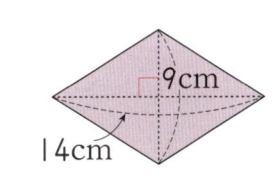

나

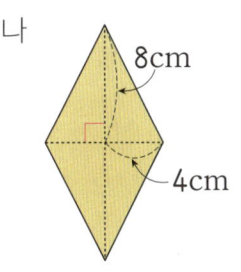

[답] _____

17 도형의 넓이가 넓은 것부터 차례로 기호를 쓰시오.

> ㉠ 밑변이 12cm, 높이가 19cm인 평행사변형
> ㉡ 밑변이 30cm, 높이가 15cm인 삼각형
> ㉢ 두 밑변의 길이의 합이 22cm, 높이가 20cm인 사다리꼴
> ㉣ 두 대각선의 길이가 각각 26cm, 21cm인 마름모

[답]

18 다음 모양과 넓이가 같고 모양이 다른 평행사변형을 그리시오.

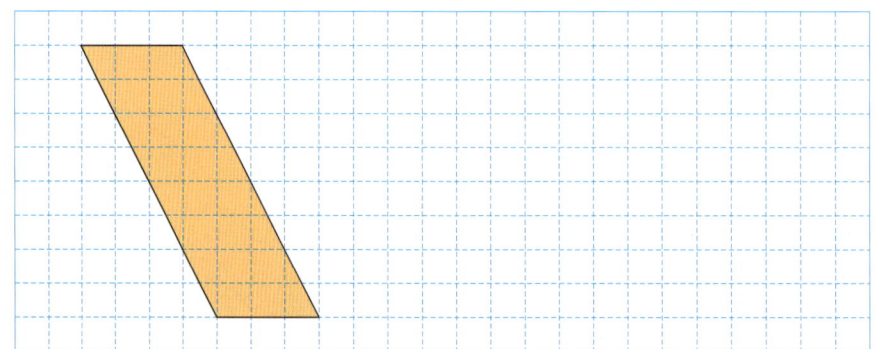

19 한 변이 20cm인 정사각형 안에 네 변의 가운데를 이어 그린 마름모의 넓이는 몇 cm²입니까?

[답]

20 다음은 직사각형 모양의 종이의 일부분을 잘라 만든 사다리꼴입니다. 사다리꼴의 넓이는 몇 cm²입니까?

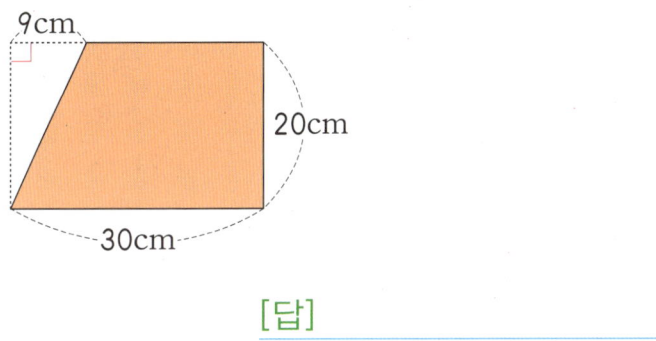

[답] _____

21 사다리꼴을 보고 물음에 답하시오.

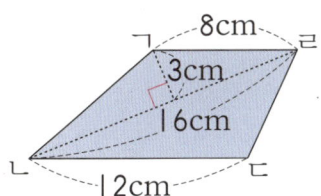

(1) 사다리꼴 ㄱㄴㄷㄹ의 높이는 몇 cm입니까?

[답] _____

(2) 사다리꼴 ㄱㄴㄷㄹ의 넓이는 몇 cm²입니까?

[답] _____

확인 학습

22 색칠한 부분의 넓이는 몇 cm²입니까?

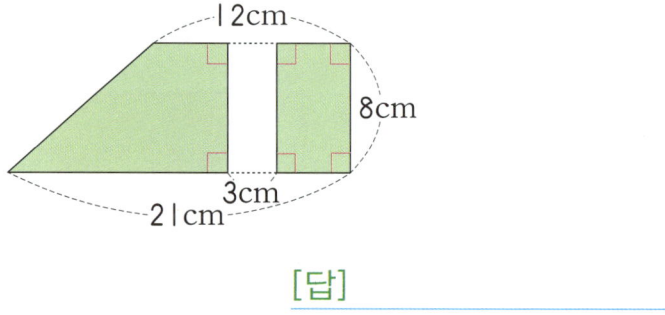

[답]

23 삼각형 ㄱㄹㅁ의 넓이가 24cm²일 때, 삼각형 ㄱㄴㄷ의 넓이는 몇 cm²입니까?

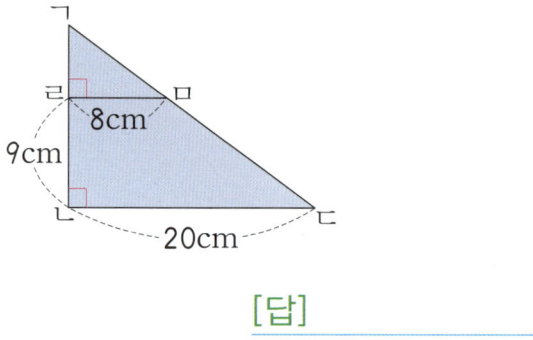

[답]

24 평행사변형 ㄱㄴㄷㄹ과 삼각형 ㄹㄷㅁ을 이어 붙여서 사다리꼴을 만들었습니다. 사다리꼴 ㄱㄴㅁㄹ의 넓이는 **225cm²**이고 선분 ㄴㄷ의 길이와 선분 ㄷㅁ의 길이가 같을 때, 삼각형 ㄹㄷㅁ의 넓이는 몇 cm²입니까?

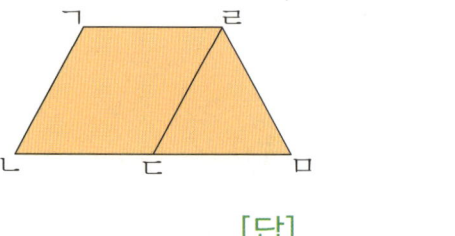

[답]

★ 이름 :

★ 날짜 :

★ 시간 : 시   분 ~ 시   분

확인

◆ 여러 가지 단위(1) ◆

1 넓이가 Ikm^2인 것을 찾아 기호를 쓰시오.

> ㉠ 한 변이 I m인 정사각형 ㉡ 한 변이 I0m인 정사각형
>
> ㉢ 한 변이 I00m인 정사각형 ㉣ 한 변이 I000m인 정사각형

[답] _____

2 □ 안에 알맞은 수를 써넣으시오.

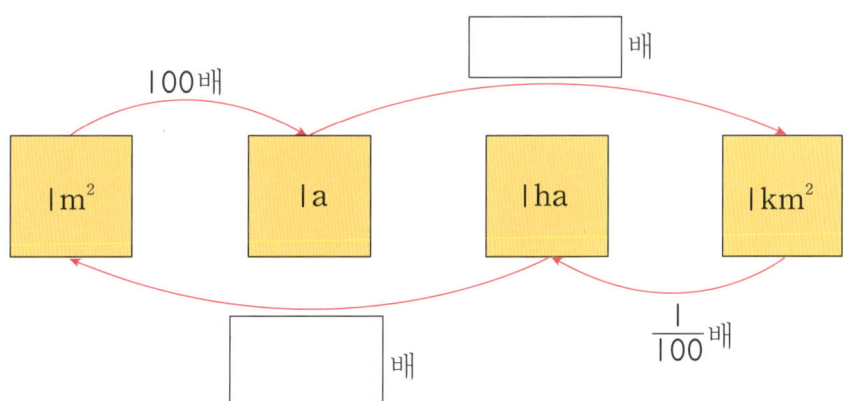

□ 안에 알맞은 수를 써넣으시오. [3~4]

3 3m^2 = □ cm^2

4 43000a = □ km^2

확인 학습

5 넓이의 단위 관계가 잘못된 것을 모두 찾아 기호를 쓰시오.

> ㉠ $17ha = 170000m^2$ ㉡ $240a = 24000m^2$
>
> ㉢ $3.2km^2 = 32000a$ ㉣ $860ha = 8.6km^2$
>
> ㉤ $400000m^2 = 4km^2$ ㉥ $910a = 0.91ha$

[답]

6 넓이를 알맞은 단위로 나타낸 것을 찾아 기호를 쓰시오.

> ㉠ 은주 방의 넓이 ➡ 약 5a
>
> ㉡ 농구장의 넓이 ➡ 약 270ha
>
> ㉢ 서울광장의 넓이 ➡ 약 $70m^2$
>
> ㉣ 강원도의 넓이 ➡ 약 $20000km^2$

[답]

7 오른쪽 사다리꼴의 넓이는 몇 a입니까?

13m

20m

32m

[답]

8 ㉠의 무게는 ㉡의 무게의 몇 배입니까?

> ㉠ 5t   ㉡ 5kg

[답] _____

9 □ 안에 알맞은 수를 써넣으시오.

$$3.8t = \boxed{} \, kg = \boxed{} \, g$$

10 다음 무게에 알맞은 단위를  에서 골라 □ 안에 써넣으시오.

> **보기**
>
> g   kg   t

(1) 선생님의 몸무게 ➡ 약 70 □

(2) 화물차의 무게 ➡ 약 8 □

11 최대 1300kg까지 실을 수 있는 화물용 엘리베이터가 있습니다. 이 엘리베이터에 실을 수 있는 화물은 몇 t입니까?

[답] _____

12 무게가 무거운 것부터 차례로 기호를 쓰시오.

> ㉠ 4500g ㉡ 43kg ㉢ 0.05t

[답] _____

13 어느 마을의 옥수수 수확량을 나타낸 표입니다. 옥수수 수확량은 모두 몇 t 입니까?

옥수수 수확량

가구	가	나	다	라	마
수확량(kg)	658	610	595	637	500

[답] _____

14 어느 과일 도매상에는 한 상자가 30kg인 바나나 90상자와 한 상자가 25kg 인 배 120상자가 있습니다. 도매상에 있는 과일은 모두 몇 t입니까?

[답] _____

 확인 학습

◆ **여러 가지 단위(2)** ◆

1 □ 안에 알맞은 수를 써넣으시오.

$$4000000 \text{cm}^2 = \boxed{} \text{m}^2 = \boxed{} \text{a}$$

2 넓이가 367000m²인 과수원이 있습니다. 이 과수원은 몇 ha입니까?

[답] _____

3 넓이를 비교하여 ○ 안에 >, =, <를 알맞게 써넣으시오.

$$24000 \text{ha} \bigcirc 24 \text{km}^2$$

4 다음 넓이에 알맞은 단위를 보기 에서 골라 □ 안에 써넣으시오.

┌──────────────── 보기 ────────────────┐
│ cm²   m²   a   ha   km² │
└──────────────────────────────────────┘

(1) 수학 교과서 겉표지의 넓이 ➡ 약 475 □

(2) 야구장의 넓이 ➡ 약 140 □

확인 학습

5 무게의 단위 관계가 알맞지 않은 것을 모두 찾아 기호를 쓰시오.

> ㉠ 7000kg＝7t
> ㉡ 1.8t＝18000kg
> ㉢ 5420kg＝5t 420kg
> ㉣ 20t 35kg 690g＝2035690g

[답]

6 다음 중 무게를 나타내는 알맞은 단위가 t인 것을 찾아 기호를 쓰시오.

> ㉠ 고양이의 무게   ㉡ 냉장고의 무게
> ㉢ 비행기의 무게   ㉣ 필통의 무게

[답]

7 감자를 한 상자에 10kg씩 담으려고 합니다. 1t이 되려면 감자는 몇 상자에 담아야 합니까?

[답]

8 넓이가 다른 하나를 찾아 기호를 쓰시오.

> ㉠ 500000m²   ㉡ 5km²   ㉢ 500ha

[답]

9 8km²의 땅을 80a씩 나누어 각각 다른 꽃나무를 심으려고 합니다. 꽃나무는 모두 몇 종류를 심을 수 있습니까?

[답]

10 둘레가 600m인 정사각형 모양의 땅의 넓이는 몇 a입니까?

[답]

11 마름모 ㄱㄴㄷㄹ의 넓이가 144.1ha일 때, 선분 ㄱㄷ의 길이는 몇 m입니까?

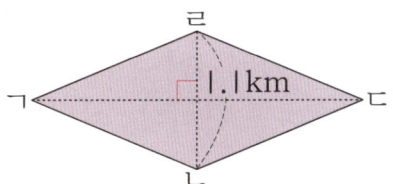

[답]

확인 학습

12 무게가 가장 무거운 것을 찾아 기호를 쓰시오.

> ㉠ 2t   ㉡ 3100kg   ㉢ 56900g   ㉣ 1.9t

[답]

13 20kg짜리 쌀 한 포대를 트럭에 싣고 있습니다. 트럭에 쌀 300포대를 싣는다면 실린 쌀은 모두 몇 t입니까?

[답]

14 주연이의 몸무게는 50kg이고 코끼리의 무게는 3.6t입니다. 코끼리의 무게는 주연이의 몸무게의 몇 배입니까?

[답]

15 0.9t까지 실을 수 있는 엘리베이터에 몸무게가 75kg인 어른 8명과 몸무게가 30kg인 어린이가 타려고 합니다. 어린이는 최대 몇 명까지 탈 수 있습니까?

[답]

 확인 학습

 ### 창의력 학습

다음 그림에서 정사각형 ㅁㅂㅅㅇ의 한 변은 2cm입니다. 선분 ㄴㅂ은 선분 ㅇㅅ의 2배이고 선분 ㄱㅂ은 선분 ㅇㅅ의 3배일 때, 마름모 ㄱㄴㄷㄹ의 넓이는 몇 cm^{2}입니까?

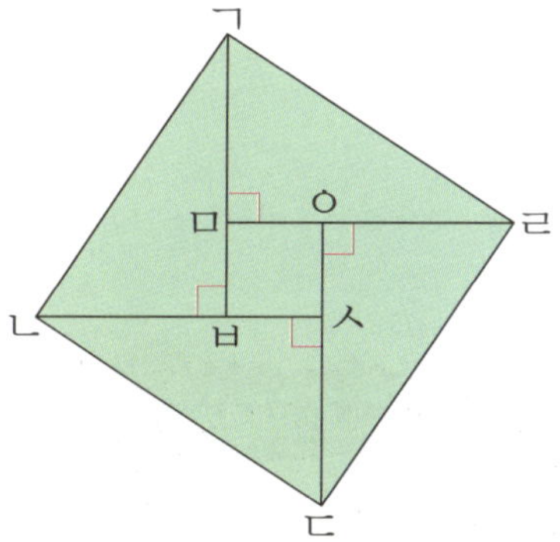

[답]

승유가 동물원에 현장 학습을 갔습니다. 동물 중에서 원숭이, 코끼리, 사자, 호랑이, 하마의 무게를 조사하였더니 다음과 같았습니다. 이 동물들의 무게는 모두 몇 t입니까?

동물	원숭이	코끼리	사자	호랑이	하마
무게	35kg	4.5t	0.2t	115kg	3850kg

[답]

 창의력 학습

★ 이름 :

★ 날짜 :

★ 시간 :　　시　　분 ~ 　　시　　분

확인

➕ 경시대회 예상문제

1 그림에서 직선 ㄱㄴ과 직선 ㄷㄹ은 서로 평행합니다. 평행사변형 ㉮의 넓이가 I35cm²일 때, 평행사변형 ㉯의 높이는 몇 cm입니까?

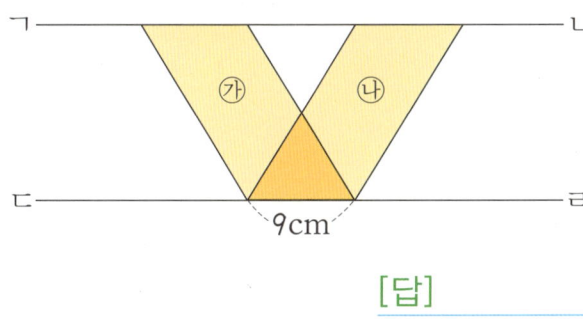

[답]

2 정사각형 3개를 그림과 같이 겹치지 않게 이어 붙인 다음 도형의 일부분을 색칠한 것입니다. 색칠한 부분의 넓이는 몇 cm²입니까?

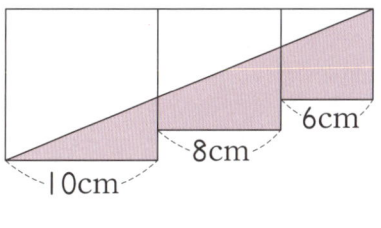

[답]

3 오른쪽 이등변삼각형의 둘레가 54cm일 때, 이등변삼각형의 넓이는 몇 cm²입니까?

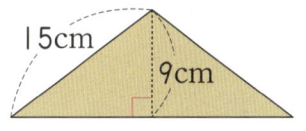

[답]

4 평행사변형 ㄱㄴㅁㄹ의 넓이는 삼각형 ㄹㅁㄷ의 넓이의 **3**배입니다. 변 ㄱㄹ
의 길이는 몇 cm입니까?

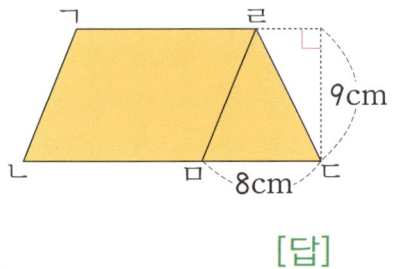

[답]

5 오른쪽 사다리꼴 ㄱㄴㄷㄹ의 넓이는 몇 cm²인지 풀이
과정을 쓰고 답을 구하시오.

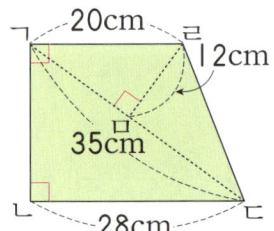

[답]

6 마름모의 각 변의 가운데 점을 이어 다음과 같이 그렸을 때 색칠한 부분의 넓
이는 몇 cm²입니까?

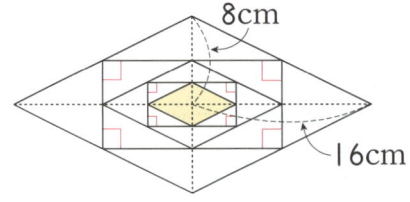

[답]

7 정사각형 모양의 공원이 있습니다. 공원의 둘레가 2800m일 때, 넓이는 몇 ha입니까?

[답] _____

8 정사각형 ㉮의 넓이는 직사각형 ㉯의 넓이보다 15a 더 넓습니다. 정사각형 ㉮의 한 변은 몇 m입니까?

 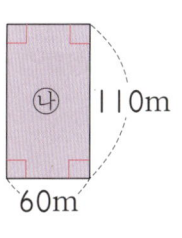

[답] _____

9 오른쪽 그림과 같은 사다리꼴 모양의 땅에 1ha마다 배나무를 200그루씩 심으려고 합니다. 배나무는 몇 그루 필요합니까?

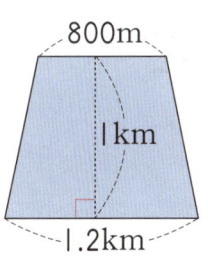

[답] _____

경시대회 예상문제

10 0.8t까지 실을 수 있는 엘리베이터에 몸무게가 80kg인 어른 7명과 몸무게가 35kg인 어린이 4명이 탔다면 10kg인 상자는 최대 몇 개까지 실을 수 있습니까?

[답]

서술형·논술형

11 영호네 과수원은 15ha이고 포도나무를 3m²마다 한 그루씩 심었습니다. 포도나무 한 그루에서 80kg의 포도를 수확할 수 있다면 영호네 과수원에서 수확할 수 있는 포도는 몇 t인지 풀이 과정을 쓰고 답을 구하시오.

[답]

12 화물 83000kg을 5t까지 실을 수 있는 트럭으로 운반하려고 합니다. 한 번 운반하는 데 드는 비용이 30000원일 때, 화물을 모두 운반하는 데 드는 비용은 얼마입니까?

[답]

사고력도 탄탄! 창의력도 탄탄!

기탄고력수학

13

1166a ~ 1180b

학습 관리표

학습 내용		이번 주는?
확인 학습	· 약수와 배수 · 약분과 통분 · 분수의 덧셈과 뺄셈 · 분수의 곱셈 · 도형의 합동 · 직육면체와 정육면체 · 평면도형의 넓이 · 여러 가지 단위 · 창의력 학습 · 경시대회 예상문제 · 종료 테스트	• 학습 방법 : ① 매일매일　② 가끔　③ 한꺼번에 　하였습니다. • 학습 태도 : ① 스스로 잘　② 시켜서 억지로 　하였습니다. • 학습 흥미 : ① 재미있게　② 싫증내며 　하였습니다. • 교재 내용 : ① 적합하다고　② 어렵다고　③ 쉽다고 　하였습니다.
지도 교사가 부모님께		부모님이 지도 교사께
평가	Ⓐ 아주 잘함　　Ⓑ 잘함　　Ⓒ 보통　　Ⓓ 부족함	

원(교)　　　　반　　이름　　　　　전화

기초부터 탄탄하게
G 기탄교육
www.gitan.co.kr / (02)586-1007(대)

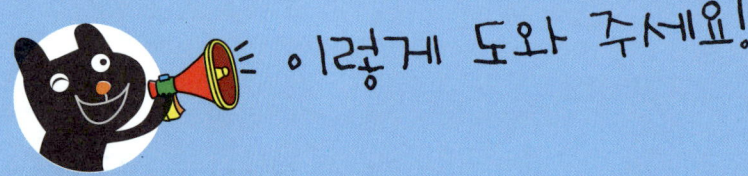

이렇게 도와 주세요!

● **학습 목표**
 – 두 수의 공약수와 최대공약수, 공배수와 최소공배수를 이해하고 구할 수 있습니다.
 – 약분과 통분을 구할 수 있고, 분모가 다른 분수의 크기를 비교할 수 있습니다.
 – 분모가 다른 분수의 덧셈과 뺄셈을 할 수 있습니다.
 – 진분수의 곱셈, 대분수의 곱셈, 세 분수의 곱셈을 할 수 있습니다.
 – 합동인 삼각형을 그릴 수 있는 조건을 알고 그릴 수 있습니다.
 – 직육면체의 성질을 알고, 직육면체의 겨냥도와 전개도를 그릴 수 있습니다.
 – 평행사변형, 삼각형, 사다리꼴, 마름모의 넓이를 구할 수 있습니다.
 – 넓이의 단위 m^2, a, ha, km^2와 무게의 단위 t을 알고 실생활에 활용할 수 있습니다.

● **지도 내용**
 – 최대공약수와 최소공배수를 이해하고 최대공약수와 최소공배수를 구해 봅니다.
 – 약분을 하여 기약분수로 나타내고, 공통분모를 알고 통분하여 분수의 크기를 비교해 봅니다.
 – 분모가 다른 분수의 덧셈과 뺄셈을 계산해 봅니다.
 – 진분수의 곱셈, 대분수의 곱셈, 세 분수의 곱셈 방법을 알고 여러 가지 방법으로 계산해 봅니다.
 – 합동인 삼각형을 그려 봅니다.
 – 직육면체의 겨냥도와 전개도를 그리는 방법을 알고, 빠진 부분을 그려 넣어 겨냥도와 전개도를 완성해 봅니다.
 – 평행사변형, 삼각형, 사다리꼴, 마름모를 여러 가지 도형을 나누어 넓이를 구해 봅니다.
 – 넓이의 단위와 무게의 단위를 알고, 서로 다른 단위로 바꾸어 나타내어 봅니다.

● **지도 요점**
앞에서 학습한 약수와 배수, 약분과 통분, 분수의 덧셈과 뺄셈, 분수의 곱셈, 도형의 합동, 직육면체와 정육면체, 평면도형의 넓이, 여러 가지 단위를 총정리하는 주입니다. 여러 유형의 문제를 접해 보게 함으로써 학습한 지식을 응용할 수 있도록 지도해 주십시오. 그리고 종료 테스트를 이용해서 주어진 시간 내에 모든 문제를 푸는 연습을 하도록 해 주십시오.

✿ 이름 :
✿ 날짜 :
✿ 시간 :   시   분 ~   시   분

확인

◆ **약수와 배수** ◆

1 □ 안에 알맞은 수를 써넣고, 8의 약수를 구하시오.

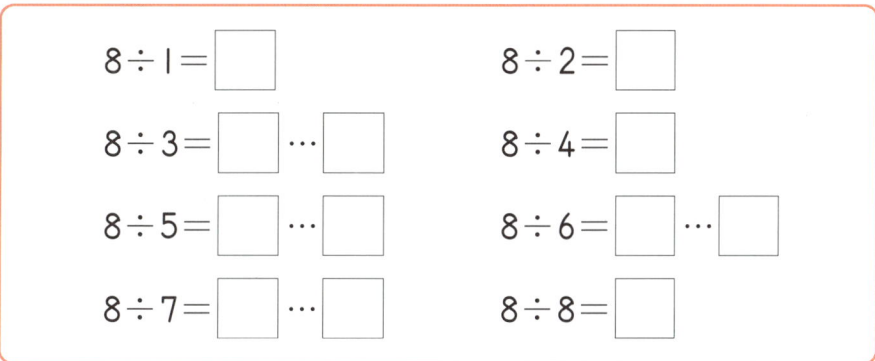

$8 \div 1 = \boxed{}$　　　　$8 \div 2 = \boxed{}$

$8 \div 3 = \boxed{} \cdots \boxed{}$　　　　$8 \div 4 = \boxed{}$

$8 \div 5 = \boxed{} \cdots \boxed{}$　　　　$8 \div 6 = \boxed{} \cdots \boxed{}$

$8 \div 7 = \boxed{} \cdots \boxed{}$　　　　$8 \div 8 = \boxed{}$

[답]

2 30보다 큰 6의 배수를 모두 찾아 ○표 하시오.

| 48 | 54 | 18 | 36 | 21 | 72 | 24 | 63 |

3 두 수가 서로 약수와 배수가 되는 것을 찾아 기호를 쓰시오.

ㄱ (3, 8)　　　ㄴ (5, 24)　　　ㄷ (12, 40)　　　ㄹ (27, 108)

[답]

확인 학습

4 3의 배수가 아닌 것을 모두 찾아 기호를 쓰시오.

> ㉠ 312   ㉡ 444   ㉢ 546
> ㉣ 907   ㉤ 1008   ㉥ 1231

[답] _____

5 약수의 개수가 많은 것부터 차례로 기호를 쓰시오.

> ㉠ 21   ㉡ 50   ㉢ 84   ㉣ 100

[답] _____

6 12와 18의 최대공약수를 구하려고 합니다. ☐ 안에 알맞은 수를 써넣으시오.

12 = ☐ × ☐ × ☐   18 = ☐ × ☐ × ☐

12와 18의 최대공약수 ➡ ☐ × ☐ = ☐

7 14와 21의 공배수가 아닌 것을 모두 찾아 쓰시오.

| 42 | 84 | 105 | 126 | 189 |

[답] _____

8 □ 안에 알맞은 수를 써넣고, 36과 42의 최소공배수를 구하시오.

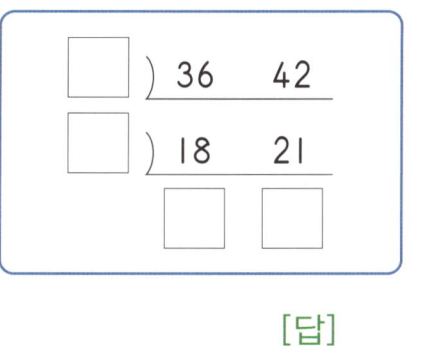

[답] _____

9 4의 배수도 되고 9의 배수도 되는 수를 가장 작은 수부터 차례로 3개 쓰시오.

[답] _____

10 사과 48개와 감 56개를 최대한 많은 봉지에 남김없이 똑같이 나누어 담으려고 합니다. 몇 봉지에 나누어 담을 수 있습니까?

[답] _____

11 어느 기차역에서 목포행은 10분마다, 춘천행은 15분마다 출발한다고 합니다. 오전 8시 40분에 목포행과 춘천행이 동시에 출발하였다면, 다음번에 동시에 출발하는 시각은 몇 시 몇 분입니까?

[답] _____

12 20으로 나누어도 4가 남고, 32로 나누어도 4가 남는 세 자리 수 중에서 가장 큰 수를 구하시오.

[답] _____

🌸 이름 :

🌸 날짜 :

🌸 시간 :   시   분 ~   시   분

확인

◆ **약분과 통분** ◆

1 $\frac{6}{8}$과 크기가 같은 분수를 모두 찾아 ○표 하시오.

$\frac{1}{2}$	$\frac{3}{4}$	$\frac{8}{12}$	$\frac{18}{24}$	$\frac{30}{40}$

2 기약분수를 모두 찾아 쓰시오.

$\frac{2}{5}$	$\frac{4}{8}$	$\frac{9}{17}$	$\frac{15}{21}$	$\frac{72}{81}$

[답]

🐸 다음 분수를 기약분수로 나타내시오. [3~4]

3 $\frac{20}{28}$

4 $\frac{32}{40}$

확인 학습

5 $\left(\dfrac{5}{12}, \dfrac{9}{16}\right)$를 통분하려고 합니다. 공통분모가 될 수 없는 수를 찾아 쓰시오.

| 48 | 96 | 148 | 192 | 384 |

[답] _____

6 ○ 안에 >, =, <를 알맞게 써넣으시오.

$$\dfrac{7}{9} \bigcirc \dfrac{16}{21}$$

7 세 분수의 크기를 비교하여 작은 수부터 차례로 쓰시오.

| $\dfrac{3}{4}$ | $\dfrac{7}{10}$ | $\dfrac{15}{24}$ |

[답] _____

🌸 이름 :

🌸 날짜 :

🌸 시간 :　　시　　분～　　시　　분

확인

◆ **분수의 덧셈과 뺄셈** ◆

1 □ 안에 알맞은 수를 써넣으시오.

$$\frac{3}{4}+\frac{2}{5}=\frac{3\times\boxed{}}{4\times\boxed{}}+\frac{2\times\boxed{}}{5\times\boxed{}}=\frac{\boxed{}}{20}+\frac{\boxed{}}{20}=\frac{\boxed{}}{20}=\boxed{}\frac{\boxed{}}{20}$$

🐸 다음을 계산하시오. [2～3]

2 $\dfrac{1}{6}+\dfrac{4}{7}$

3 $1\dfrac{7}{10}+1\dfrac{3}{8}$

4 □ 안에 알맞은 수를 써넣으시오.

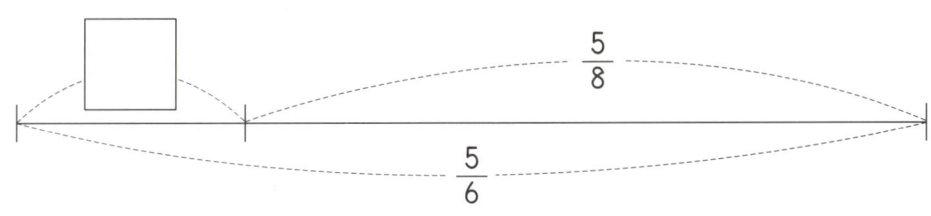

확인 학습

5 관계있는 것끼리 선으로 이으시오.

$$3\frac{4}{5} - 1\frac{1}{2}$$ ·

$$5\frac{2}{3} - 3\frac{7}{9}$$ ·

· $\dfrac{1}{2}$

· $1\dfrac{8}{9}$

· $2\dfrac{3}{10}$

6 빈칸에 알맞은 수를 써넣으시오.

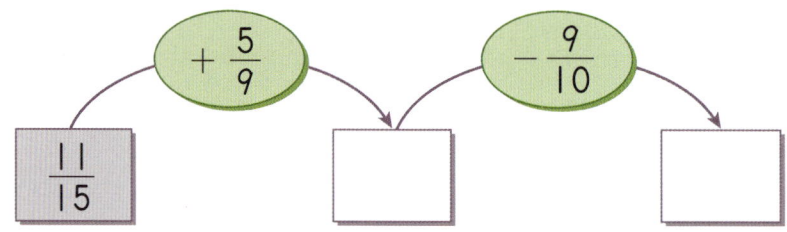

$\dfrac{11}{15}$ $+\dfrac{5}{9}$ ☐ $-\dfrac{9}{10}$ ☐

7 다음을 계산하시오.

$$2\frac{4}{7} + 3\frac{1}{2} - 1\frac{5}{8}$$

[답]

8 ○ 안에 >, =, <를 알맞게 써넣으시오.

$$\frac{7}{9} - \frac{5}{12} \quad \bigcirc \quad \frac{1}{6} + \frac{3}{4}$$

9 가장 큰 분수와 가장 작은 분수의 차를 구하시오.

$$\frac{10}{21} \qquad \frac{5}{9} \qquad \frac{8}{15}$$

[답] _____

10 직사각형의 가로와 세로의 길이의 차는 몇 cm입니까?

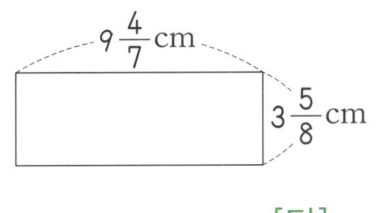

$9\frac{4}{7}$ cm

$3\frac{5}{8}$ cm

[답] _____

확인 학습

11 어떤 수에 $3\frac{7}{12}$ 을 더했더니 $6\frac{2}{9}$ 가 되었습니다. 어떤 수는 얼마입니까?

[답] _____

12 색 테이프 2장을 다음과 같이 겹쳐서 이어 붙였습니다. 이어 붙인 색 테이프 전체의 길이는 몇 m입니까?

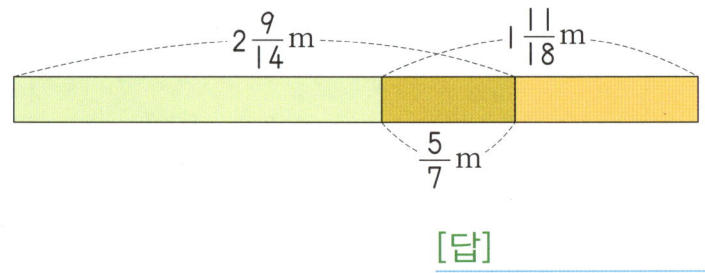

[답] _____

13 난로에 석유가 $4\frac{3}{8}$ L 들어 있었습니다. 이 중에서 $3\frac{7}{10}$ L를 사용하고 $1\frac{5}{12}$ L 를 더 채웠습니다. 이 난로에 들어 있는 석유는 몇 L입니까?

[답] _____

확인 학습

✿ 이름 :

✿ 날짜 :

✿ 시간 :　시　분 ~　시　분

확인

◆ **분수의 곱셈** ◆

1　그림을 보고 □ 안에 알맞은 수를 써넣으시오.

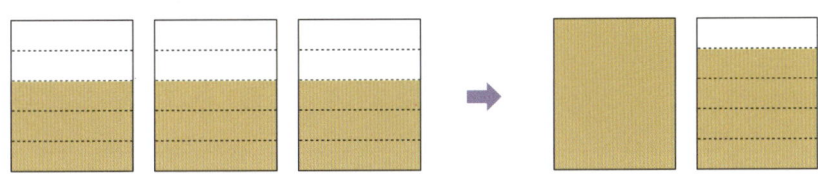

$$\frac{3}{5} + \frac{3}{5} + \frac{3}{5} = \frac{3}{5} \times \boxed{} = \boxed{} \frac{\boxed{}}{\boxed{}}$$

2　□ 안에 알맞은 수를 써넣으시오.

$$4\frac{1}{7} \times 2 = \left(4 + \frac{\boxed{}}{\boxed{}}\right) \times 2 = (4 \times \boxed{}) + \left(\frac{\boxed{}}{\boxed{}} \times \boxed{}\right)$$

$$= \boxed{} + \frac{\boxed{}}{\boxed{}} = \boxed{}$$

3　빈칸에 알맞은 수를 써넣으시오.

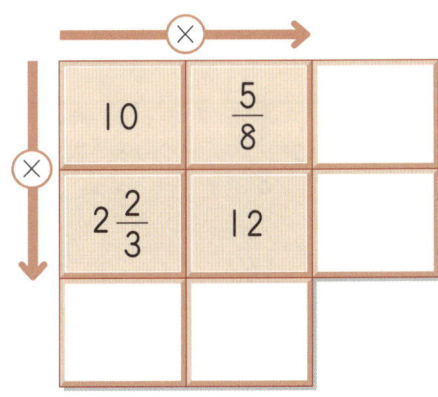

4 계산 결과가 다른 하나를 찾아 기호를 쓰시오.

> ㉠ $\dfrac{1}{6} \times \dfrac{1}{12}$ ㉡ $\dfrac{1}{18} \times \dfrac{1}{4}$
>
> ㉢ $\dfrac{1}{9} \times \dfrac{1}{8}$ ㉣ $\dfrac{1}{7} \times \dfrac{1}{11}$

[답] _____

5 ○ 안에 >, =, <를 알맞게 써넣으시오.

$$\frac{4}{9} \times \frac{7}{12} \bigcirc \frac{5}{6} \times \frac{8}{15}$$

6 계산 결과가 큰 것부터 차례로 기호를 쓰시오.

> ㉠ $12 \times \dfrac{3}{8}$ ㉡ $1\dfrac{3}{4} \times 1\dfrac{2}{7}$
>
> ㉢ $\dfrac{8}{9} \times \dfrac{15}{16}$ ㉣ $\dfrac{5}{18} \times 24$

[답] _____

 확인 학습

7 빈칸에 알맞은 수를 써넣으시오.

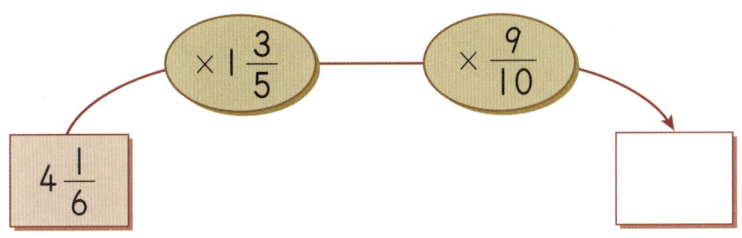

$$4\frac{1}{6} \quad \times 1\frac{3}{5} \quad \times \frac{9}{10}$$

8 ㉮와 ㉯의 차를 구하시오.

$$㉮\ 3\frac{4}{15} \times 8 \times 2\frac{4}{7} \qquad ㉯\ 21 \times \frac{8}{9} \times 4\frac{3}{14}$$

[답]

9 □ 안에 들어갈 수 있는 자연수는 모두 몇 개입니까?

$$\frac{1}{5} \times \frac{1}{\square} > \frac{1}{30}$$

[답]

10 연홍이는 자전거를 타고 일정한 빠르기로 한 시간에 $11\frac{1}{9}$ km를 갑니다. 같은 빠르기로 2시간 15분 동안 달린다면 모두 몇 km를 갈 수 있습니까?

[답] _____

11 도형에서 색칠한 부분의 넓이는 몇 cm²입니까?

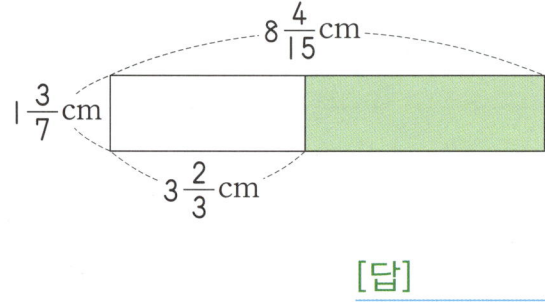

[답] _____

12 민수가 가진 리본의 길이는 철수가 가진 리본의 $2\frac{5}{8}$이고, 창주가 가진 리본의 길이는 민수가 가진 리본의 $1\frac{5}{7}$입니다. 철수가 가진 리본의 길이가 5m일 때, 창주가 가진 리본의 길이는 몇 m입니까?

[답] _____

이름 :

날짜 :

시간 :   시   분 ~   시   분

확인

◆ **도형의 합동** ◆

1 왼쪽 도형과 합동인 도형을 찾아 쓰시오.

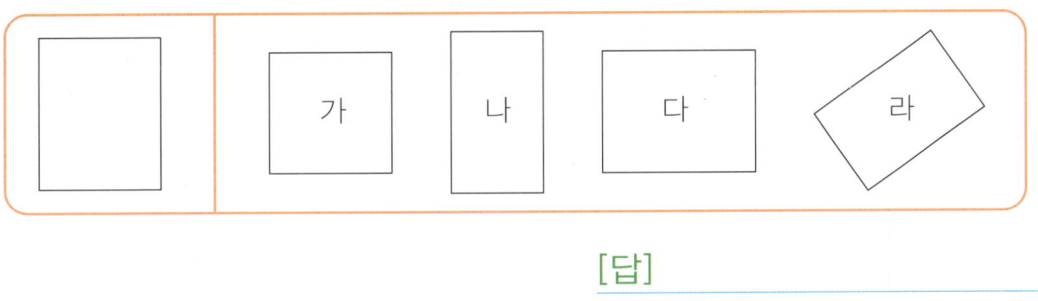

[답]

2 두 사각형은 합동입니다. □ 안에 알맞은 수를 써넣으시오.

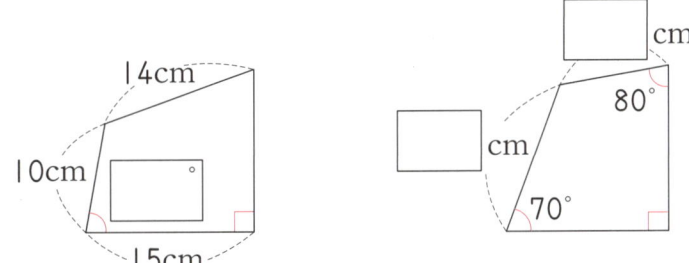

3 삼각형 ㄱㄴㄷ과 삼각형 ㄹㄷㄴ은 합동입니다. 삼각형 ㄱㄴㄷ의 둘레가 53cm일 때, 변 ㄱㄷ의 길이는 몇 cm입니까?

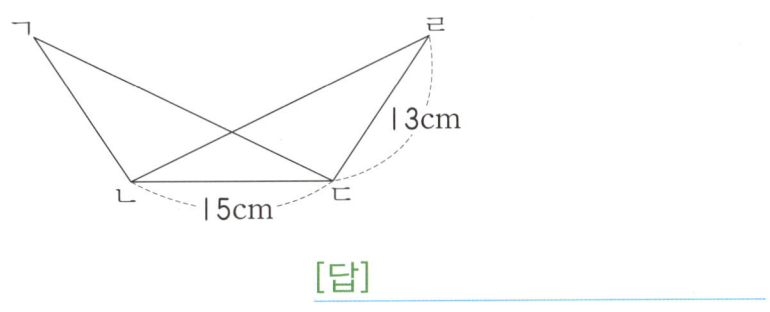

[답]

확인 학습

4 오른쪽 삼각형과 합동인 삼각형을 그리려고 합니다. 길이가 10cm인 선분을 그린 후 반지름이 7cm인 원의 일부분을 그리려면 원의 중심을 어느 점에 놓아야 합니까?

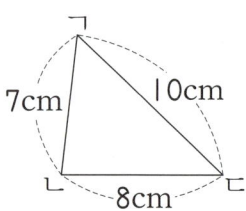

[답] _____

5 합동인 삼각형을 그릴 수 없는 것을 찾아 기호를 쓰시오.

> ㉠ 한 변이 3cm인 정삼각형
> ㉡ 세 각의 크기가 50°, 70°, 60°인 삼각형
> ㉢ 한 변이 5cm이고 그 양 끝 각의 크기가 30°, 100°인 삼각형
> ㉣ 두 변이 각각 4cm, 5cm이고 그 사이에 있는 각의 크기가 60°인 삼각형

[답] _____

6 왼쪽 삼각형과 합동인 삼각형을 그리시오.

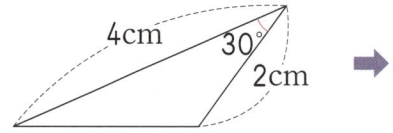

 확인 학습

✿ 이름 :
✿ 날짜 :
✿ 시간 :　　　시　　분 ~　　시　　분

확인

◆ **직육면체와 정육면체** ◆

1 직육면체를 찾아 기호를 쓰시오.

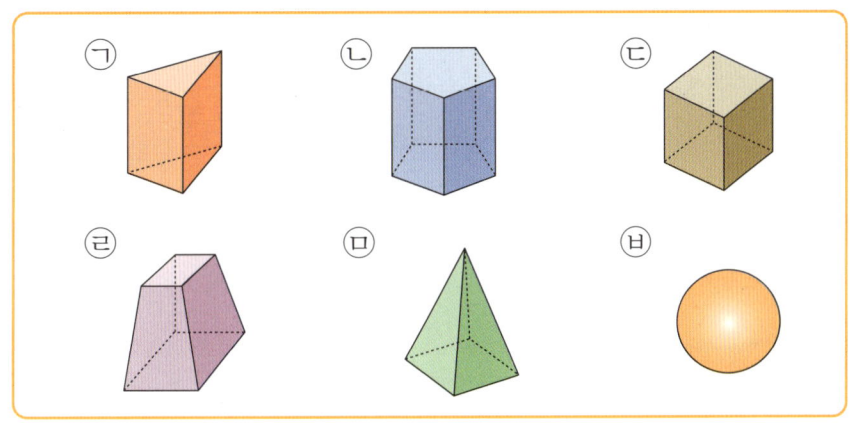

[답] _____

2 직육면체를 보고 □ 안에 알맞은 수를 써넣으시오.

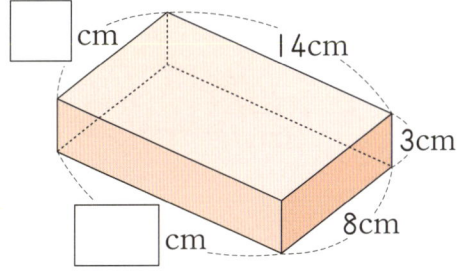

□ cm　14cm　3cm　□ cm　8cm

3 모든 모서리의 길이의 합이 144cm인 정육면체가 있습니다. 이 정육면체의 한 모서리는 몇 cm입니까?

[답] _____

4 오른쪽 직육면체의 겨냥도에 대한 설명으로 잘못된 것을 찾아 기호를 쓰시오.

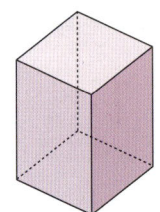

> ㉠ 보이는 면은 **3**개입니다.
> ㉡ 보이는 꼭짓점은 **7**개입니다.
> ㉢ 보이지 않는 면은 **3**개입니다.
> ㉣ 보이지 않는 모서리는 **9**개입니다.

[답] _____

5 다음은 직육면체의 전개도입니다. ☐ 안에 알맞은 수를 써넣으시오.

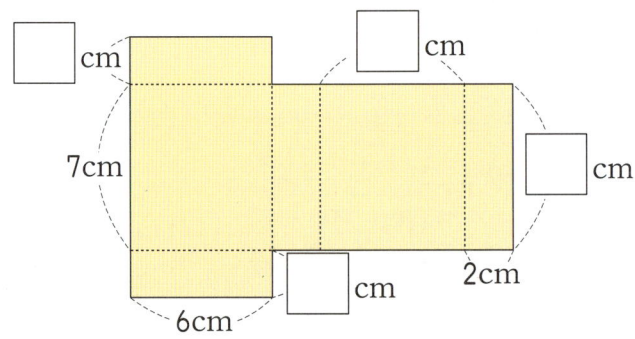

6 오른쪽 전개도를 접어 정육면체를 만들 때 선분 ㄱㄴ과 맞닿는 선분을 찾아 쓰시오.

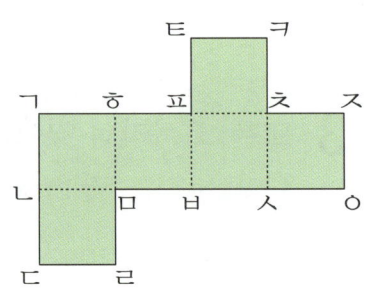

[답] _____

★ 이름 :

★ 날짜 :

★ 시간 :　　시　　분 ~ 　시　　분

확인

◆ **평면도형의 넓이** ◆

1 평행사변형과 삼각형의 높이를 각각 나타내시오.

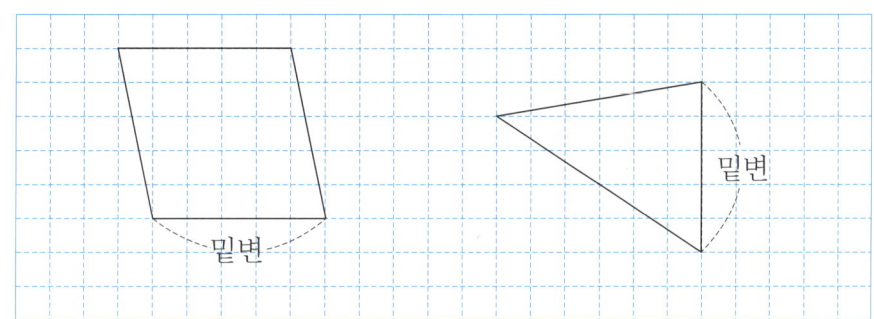

밑변

밑변

2 오른쪽 그림을 보고 물음에 답하시오.

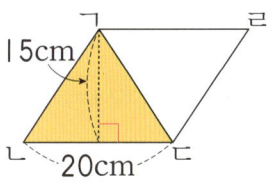

15cm

20cm

(1) 평행사변형 ㄱㄴㄷㄹ의 넓이는 삼각형 ㄱㄴㄷ의 넓이의 몇 배입니까?

[답]

(2) 평행사변형 ㄱㄴㄷㄹ의 넓이는 몇 cm²입니까?

[답]

(3) 삼각형 ㄱㄴㄷ의 넓이는 몇 cm²입니까?

[답]

3 넓이가 345cm²이고 밑변이 23cm인 평행사변형이 있습니다. 이 평행사변형의 높이는 몇 cm입니까?

[답]

확인 학습

4 그림에서 직선 가와 직선 나는 서로 평행합니다. 넓이가 다른 평행사변형을 찾아 쓰시오.

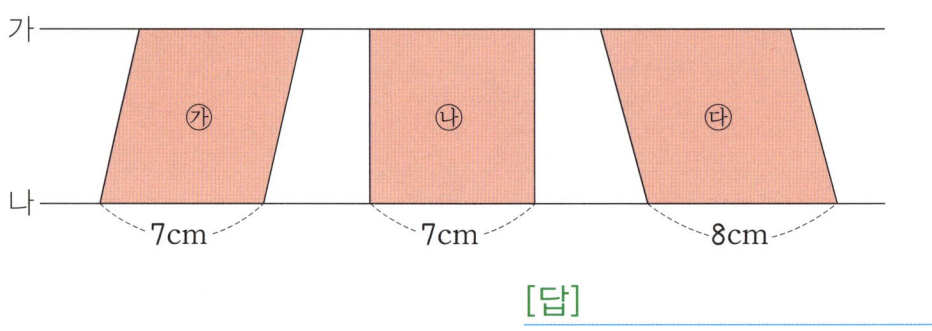

[답]

5 사다리꼴의 넓이는 몇 cm²입니까?

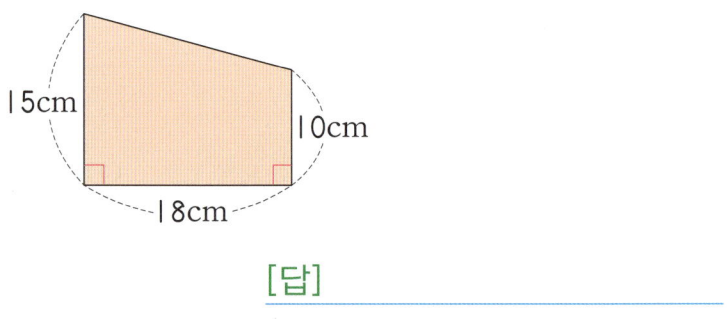

[답]

6 오른쪽 마름모의 넓이는 140cm²입니다. □ 안에 알맞은 수를 써넣으시오.

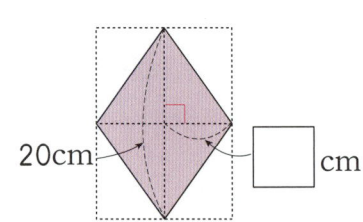

확인 학습

7 사다리꼴의 넓이가 가장 넓은 것을 찾아 기호를 쓰시오.

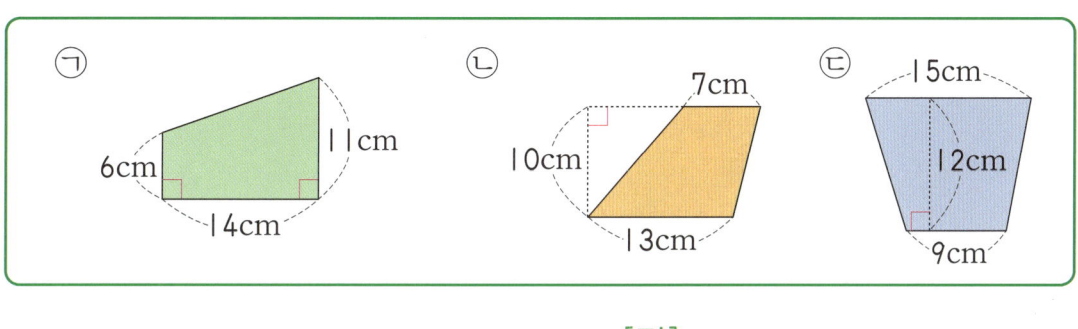

ㄱ 6cm 11cm 14cm

ㄴ 10cm 7cm 13cm

ㄷ 15cm 12cm 9cm

[답]

8 평행사변형과 마름모의 넓이가 같을 때, □ 안에 알맞은 수를 써넣으시오.

15cm □ cm

5cm 12cm

9 오른쪽 사다리꼴은 삼각형과 평행사변형을 겹치는 부분 없이 이어 붙여 만든 것입니다. 사다리꼴 ㄱㄴㄷㄹ의 넓이가 240cm²일 때, 삼각형 ㄱㄴㅁ의 넓이는 몇 cm²입니까?

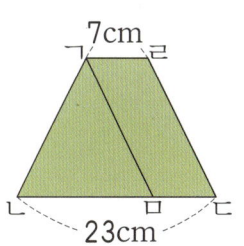

ㄱ 7cm ㄹ
ㄴ 23cm ㄷ
ㅁ

[답]

10 오른쪽 원 안에 그릴 수 있는 마름모 중에서 가장 큰 마름모의 넓이는 몇 cm²입니까?

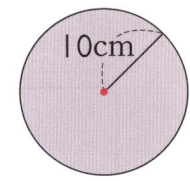

10cm

[답]

11 색칠한 부분의 넓이는 몇 cm²입니까?

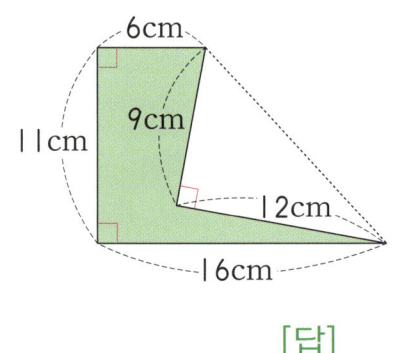

6cm
9cm
11cm
12cm
16cm

[답]

12 그림에서 ㉮의 넓이는 ㉯의 넓이의 3배입니다. □ 안에 알맞은 수를 써넣으시오.

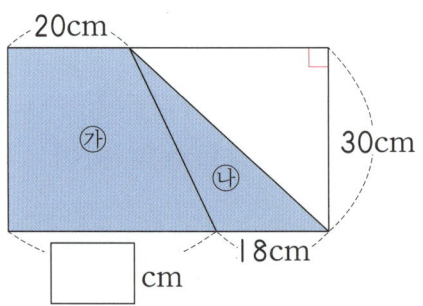

20cm
㉮
㉯
30cm
18cm
□ cm

◆ 여러 가지 단위 ◆

1 넓이의 단위 관계가 잘못된 것을 찾아 기호를 쓰시오.

> ㉠ $2m^2 = 20000cm^2$ ㉡ $1400a = 14ha$
>
> ㉢ $3.7km^2 = 370000a$ ㉣ $50ha = 0.5km^2$

[답] _____

2 오른쪽 정사각형의 넓이를 구하여 주어진 단위에 알맞게 나타내시오.

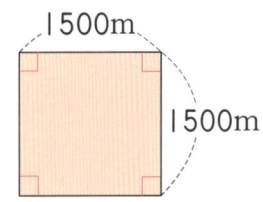

1500m

1500m

◻ a

◻ km^2

3 다음 넓이에 알맞은 단위를 **보기** 에서 골라 ◻ 안에 써넣으시오.

> **보기**
>
> cm^2 m^2 a   ha km^2

(1) 교실의 넓이 ➡ 약 65 ◻

(2) 울릉도의 넓이 ➡ 약 73 ◻

4 넓이가 넓은 것부터 차례로 기호를 쓰시오.

> ㉠ 83ha   ㉡ 500a   ㉢ $29000m^2$ ㉣ $0.7km^2$

[답] _____

5 □ 안에 알맞은 수를 써넣으시오.

$$1.7t= \boxed{} kg= \boxed{} g$$

6 무게가 더 무거운 동물을 찾아 쓰시오.

> 하마: 3.2t   코뿔소: 1750kg

[답]

7 세령이네 마을에서 다음과 같이 감자를 수확하였습니다. 수확한 감자를 트럭에 모두 옮기려면 적어도 몇 t 트럭이 필요합니까?

세령이네 마을의 감자 수확량

가구	세령이네	승윤이네	종철이네	신희네	영민이네
수확량(kg)	1920	2130	1860	2200	1890

[답]

8 7t까지 물건을 실을 수 있는 트럭이 있습니다. 이 트럭에 한 개의 무게가 50kg인 상자를 몇 개까지 실을 수 있습니까?

[답]

 확인 학습

I-178a

창의력 학습

직사각형 모양의 땅에서 친구 네 명이 땅따먹기 놀이를 하고 있습니다. 각각 차지한 직사각형 모양의 땅의 넓이는 진규가 1410cm², 민석이가 1050cm², 은정이가 940cm²라고 할 때, 지수가 차지한 땅의 넓이는 몇 cm²입니까?

1410cm²	1050cm²
940cm²	☐cm²

[답]

창의력 학습

평행한 면끼리 같은 색이 색칠된 정육면체 모양의 상자가 있습니다. 이 상자의 전개도를 그렸을 때, 전개도에 알맞은 색을 칠해 보시오.

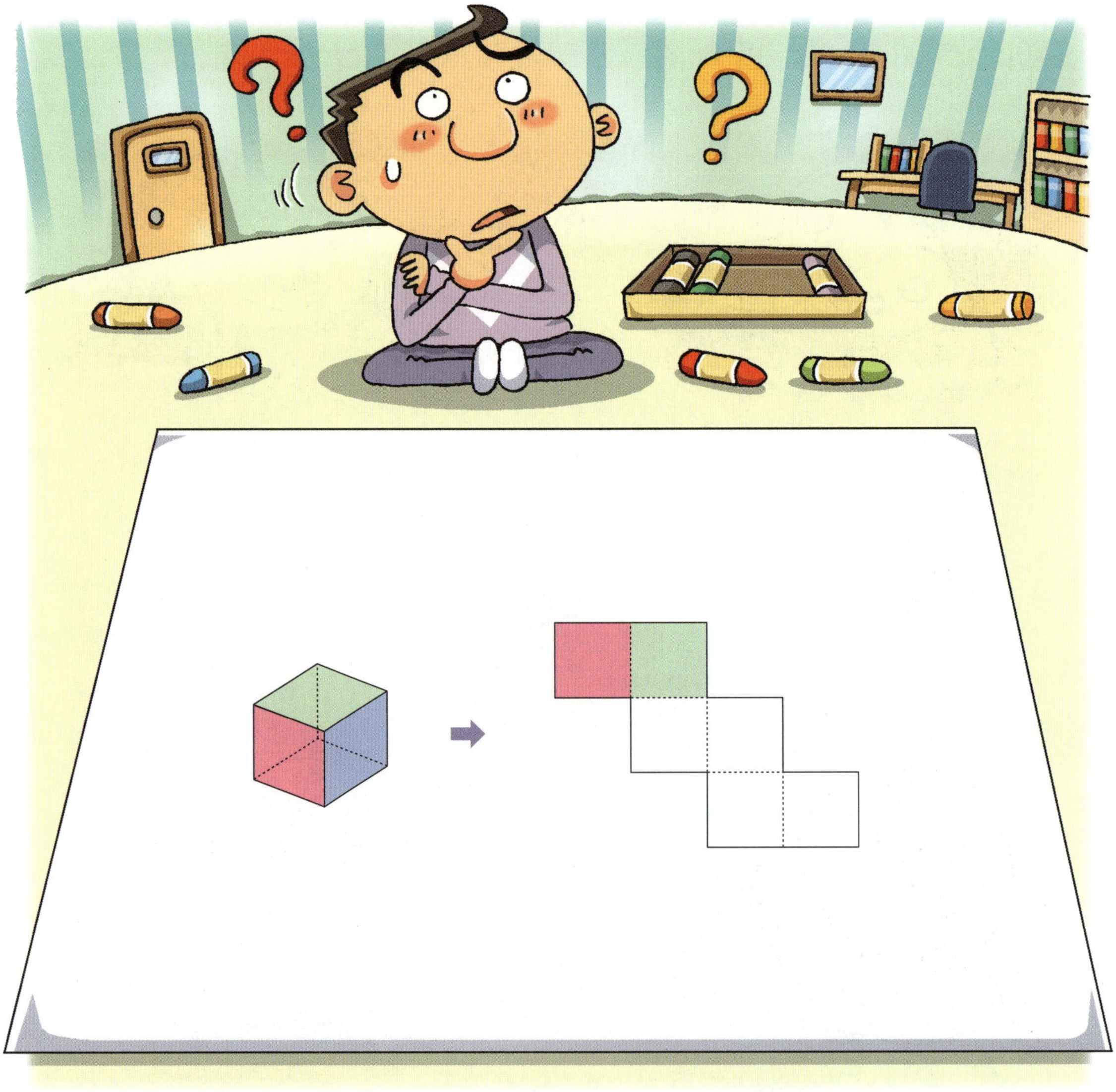

✿ 이름 :

✿ 날짜 :

✿ 시간 :　시　　분 ~　시　　분

확인

 경시대회 예상문제

1 다음 조건을 모두 만족하는 수를 구하시오.

> • 96의 약수입니다.
> • 48의 약수가 아닙니다.
> • 가장 높은 자리의 숫자는 3입니다.

[답]

2 다음 두 수의 최대공약수는 9이고, 최소공배수는 270입니다. ☐ 안에 알맞은 수를 써넣으시오.

(54, ☐)

3 다음 분수를 큰 수부터 차례로 쓰시오.

$$\frac{2}{5} \qquad \frac{4}{7} \qquad \frac{5}{12} \qquad \frac{11}{21}$$

[답]

4 □ 안에 알맞은 기약분수를 구하시오.

$$\frac{9}{10} - \frac{5}{12} - \square = \frac{7}{30}$$

[답]

5 집에서 공원으로 가는 길은 놀이터를 거쳐 가는 길과 약국을 거쳐 가는 길이 있습니다. 놀이터와 약국 중 어디를 거쳐 가는 길이 몇 km 더 가깝습니까?

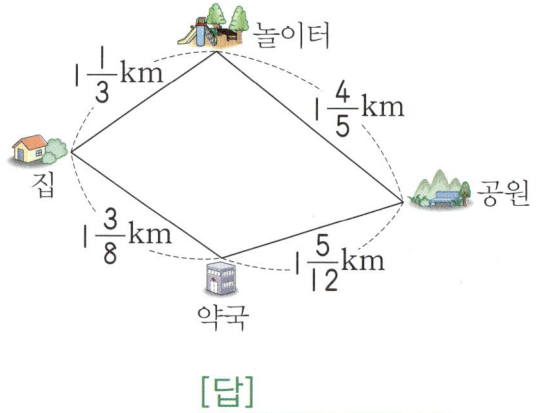

[답]

6 다음 숫자 카드를 한 번씩만 사용하여 가장 큰 대분수와 가장 작은 대분수를 만들었습니다. 만든 두 대분수의 곱을 구하시오.

[답]

I-180a

🐜 서술형·논술형

7 꽃밭 전체의 $\frac{4}{9}$ 에는 무궁화를 심고, 나머지의 $\frac{2}{5}$ 에는 해바라기를 심었습니다. 아무것도 심지 않은 꽃밭의 $\frac{1}{6}$ 에 장미를 심으려면 장미를 심을 부분은 전체의 얼마인지 풀이 과정을 쓰고 답을 구하시오.

[답]

8 한 변이 6cm이고 그 양 끝 각의 크기를 다음에서 골라 삼각형을 그리려고 합니다. 그릴 수 있는 삼각형은 모두 몇 가지입니까?

| 10° | 45° | 60° | 90° | 115° | 150° |

[답]

9 직육면체의 꼭짓점을 이어 왼쪽 그림과 같이 선분을 그렸습니다. 이 직육면체의 전개도에 알맞게 선분을 그려 넣으시오.

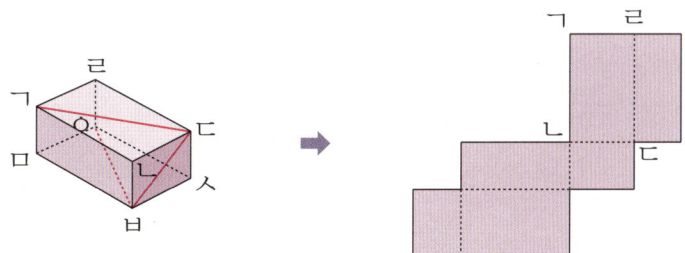

경시대회 예상문제

10 사다리꼴 ㄱㄴㄷㄹ의 넓이는 몇 cm²입니까?

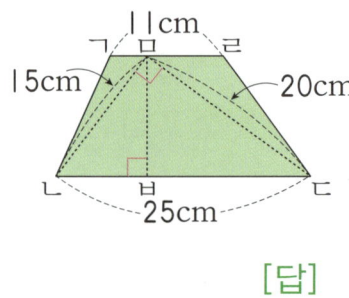

[답]

11 가로가 16cm, 세로가 5cm인 직사각형을 그림과 같이 겹쳐 놓았습니다. 겹쳐진 부분의 넓이는 몇 cm²입니까?

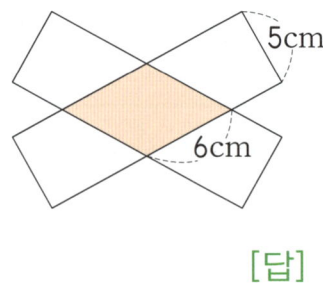

[답]

12 9ha의 과수원에 사과나무를 2m²마다 한 그루씩 심으려고 합니다. 사과나무 한 그루에서 75kg의 사과를 수확할 수 있다면 이 과수원에서 수확할 수 있는 사과는 몇 t입니까?

[답]

1 다음을 보고 물음에 답하시오.

$$㉮ = 2 \times 2 \times 3 \times 3 \times 5 \qquad ㉯ = 2 \times 3 \times 3 \times 5 \times 7$$

(1) 두 수 ㉮와 ㉯의 최대공약수를 구하시오.

[답] _____

(2) 두 수 ㉮와 ㉯의 최소공배수를 구하시오.

[답] _____

2 다음 네 자리 수가 6의 배수일 때, ☐ 안에 들어갈 수 있는 수 중에서 가장 큰 수를 구하시오.

$$721\square$$

[답] _____

3 가로가 180m, 세로가 150m인 직사각형 모양의 벽지가 있습니다. 이 벽지를 남김없이 잘라 가장 큰 정사각형을 여러 장 만들려고 합니다. 정사각형의 한 변은 몇 m로 해야 합니까?

[답] _____

4 다음 조건을 모두 만족하는 분수는 몇 개입니까?

> - $\dfrac{3}{8}$과 $\dfrac{7}{12}$ 사이에 있는 분수입니다.
> - 분모가 72인 기약분수입니다.

[답] _____

5 세 분수의 크기를 비교하여 큰 수부터 차례로 쓰시오.

> $\dfrac{2}{5}$ $\dfrac{3}{8}$ $\dfrac{7}{12}$

[답] _____

6 어떤 수에서 $10\dfrac{4}{9}$를 빼야 할 것을 잘못하여 더했더니 $23\dfrac{5}{18}$가 되었습니다. 바르게 계산하면 얼마입니까?

[답] _____

7 다음 삼각형의 둘레가 $42\dfrac{11}{72}$ cm일 때, □ 안에 알맞은 수를 써넣으시오.

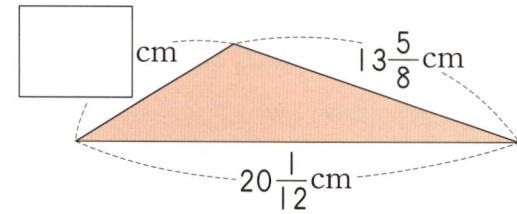

8 진수는 어제 사탕 한 봉지를 사서 전체의 $\frac{2}{3}$를 먹고, 오늘은 나머지의 $\frac{1}{4}$ 을 먹었습니다. 진수가 오늘 먹은 사탕은 전체의 얼마입니까?

[답] _____

9 1분에 $\frac{3}{8}$cm씩 타는 양초가 있습니다. 이 양초는 24cm일 때, 불을 붙인 후 10분이 지나면 남은 양초는 몇 cm입니까?

[답] _____

10 정사각형 ㉮와 직사각형 ㉯ 중에서 넓이가 더 넓은 도형을 찾아 쓰시오.

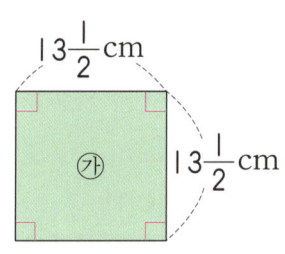
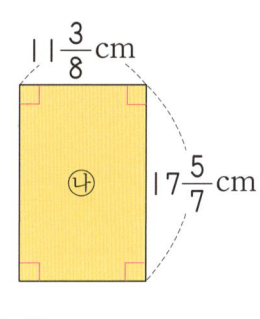

[답] _____

11 두 사각형은 합동입니다. 사각형 ㄱㄴㄷㄹ의 둘레는 몇 cm입니까?

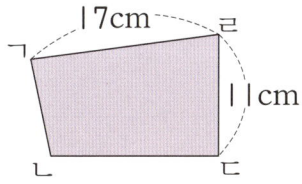
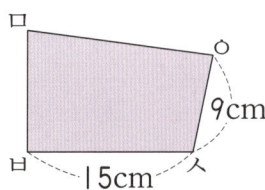

[답] _____

12 합동인 삼각형을 그릴 수 없는 것을 찾아 기호를 쓰시오.

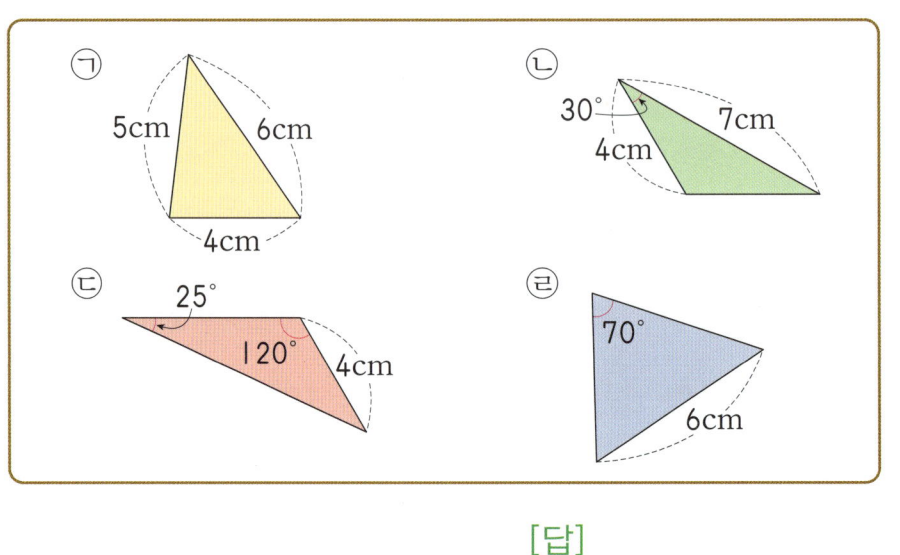

[답]

13 세 변의 길이가 다음과 같은 삼각형을 그리려고 합니다. □ 안에 들어갈 수 있는 가장 큰 자연수와 가장 작은 자연수의 차를 구하시오.

| 8cm | 11cm | □cm |

[답]

14 오른쪽 직육면체를 보고 물음에 답하시오.

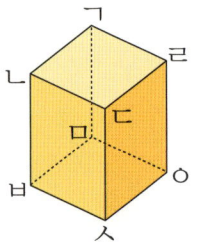

(1) 면 ㄱㄴㄷㄹ과 평행한 면을 쓰시오.

[답]

(2) 면 ㄴㅂㅅㄷ과 수직인 면을 모두 쓰시오.

[답]

15 두 옆면의 모양이 다음과 같은 직육면체가 있습니다. 이 직육면체의 모든 모서리의 길이의 합은 몇 cm입니까?

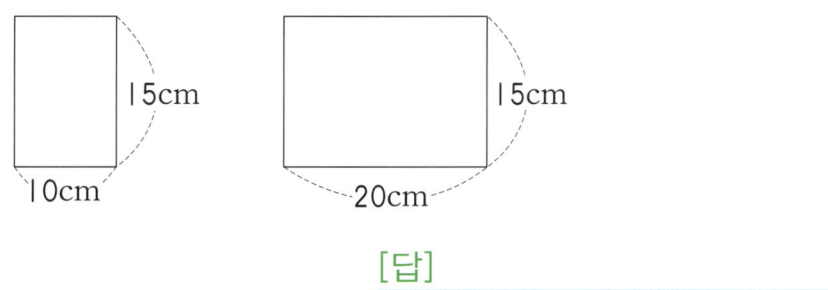

[답] _____

16 직육면체의 전개도에서 직사각형 ㄱㄴㄷㄹ의 넓이는 몇 cm²입니까?

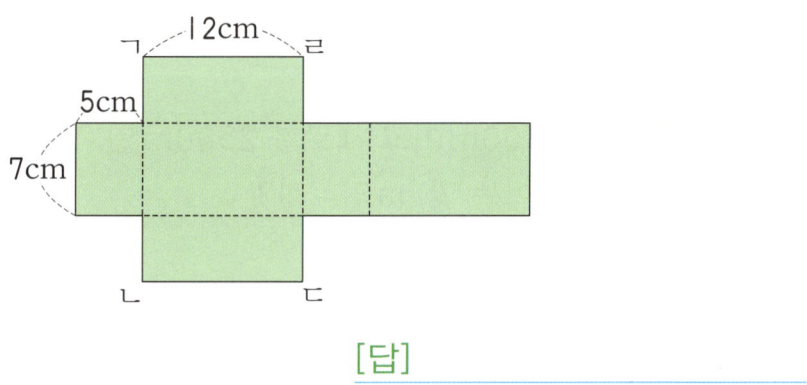

[답] _____

17 평행사변형의 넓이가 640cm²일 때, ☐ 안에 알맞은 수를 써넣으시오.

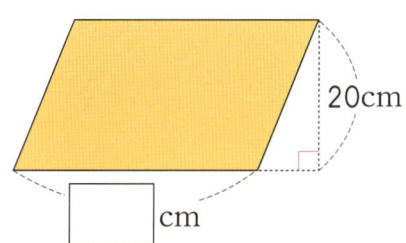

18 색칠한 부분의 넓이는 몇 cm²입니까?

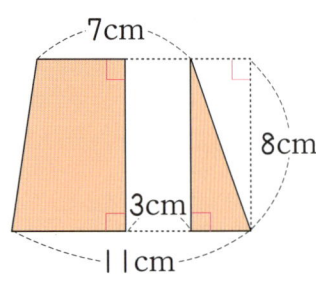

[답] _____

19 가로가 4km 400m이고 세로가 2500m인 직사각형 모양의 땅이 있습니다. 이 땅의 넓이는 몇 ha입니까?

[답] _____

20 1.1t까지 실을 수 있는 엘리베이터에 몸무게가 80kg인 어른 10명과 몸무게가 42kg인 어린이 5명 탔다면 15kg인 포도 상자를 최대 몇 개까지 실을 수 있습니까?

[답] _____

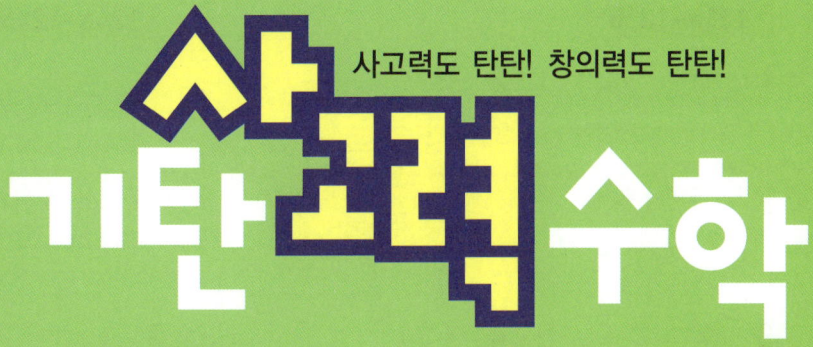

사고력도 탄탄! 창의력도 탄탄!

기탄사고력수학 해답

1121a~1180b

해답은 따로 보관하고 있다가
채점할 때 사용해 주세요.

121a~121b

1 예

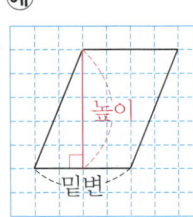

2 예

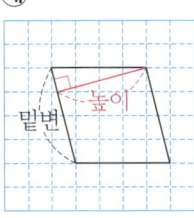

3 5cm **4** 4cm

5 (1) 24개 (2) 3개 (3) 27개 (4) 27cm²

6 7, 4, 28

122a~122b

1 48cm² **2** 45cm²

3 165cm² **4** 360cm²

5 234cm² **6** 8

7 7 **8** 20

9 16 **10** 21cm

123a~123b

1 (1) 15, 15, 15, 15

(2) 밑변, 높이, 같습니다

2 라

3 ㉢

풀이 ㉠ (넓이)=18×8=144(cm²)

㉡ (넓이)=12×12=144(cm²)

㉢ (넓이)=10×14=140(cm²)

㉣ (넓이)=9×16=144(cm²)

4 예

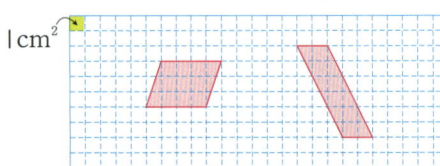

124a~124b

1 예

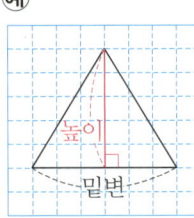

2 예

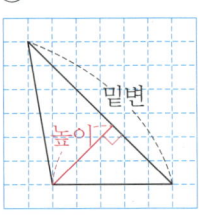

3 6cm **4** 4cm

5 (1) 20개 (2) 5개 (3) 25개 (4) 25cm²

6 6, 5, 15

125a~125b

1

(1) 40cm² (2) 20cm²

풀이 (1) (평행사변형의 넓이)=10×4

=40(cm²)

(2) (삼각형의 넓이)

=(평행사변형의 넓이)÷2

=40÷2=20(cm²)

2

, 24cm²

풀이 (삼각형의 넓이)=8×6÷2

=24(cm²)

3 21cm² **4** 75cm²

5 18cm² **6** 88cm²

7 12

풀이 (삼각형의 넓이)=□×15÷2=90,

□=90×2÷15=12

8 15

풀이 (삼각형의 넓이)=18×□÷2=135,

□=135×2÷18=15

126a~126b

1 (1) 10, 10, 10, 10
　(2) 밑변, 높이, 같습니다

2 다

3 ㉢
　풀이 ㉠ (넓이)$=9×8÷2=36(\text{cm}^2)$
　　㉡ (넓이)$=18×4÷2=36(\text{cm}^2)$
　　㉢ (넓이)$=10×7÷2=35(\text{cm}^2)$
　　㉣ (넓이)$=12×6÷2=36(\text{cm}^2)$

4 예

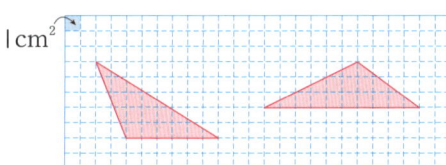

127a~127b

1 (1) 8개 (2) 4개 (3) 12개 (4) 12cm^2

2 7, 4, 2, 3, 4, 2, 14, 6, 20

3 2, 12, 5, 2, 35

4 13, 10, 4, 10, 2, 130, 20, 150

128a~128b

1 99cm^2　　　**2** 126cm^2

3 77cm^2　　　**4** 132cm^2

5 360cm^2

6 18
　풀이 (사다리꼴의 넓이)
　$=(8+\square)×10÷2=130$
　$8+\square=26, \square=18$

7 12
　풀이 (사다리꼴의 넓이)
　$=(12+15)×\square÷2=162$
　$\square=162×2÷27=12$

8 15
　풀이 (사다리꼴의 넓이)
　$=(9+21)×\square÷2=225$
　$\square=225×2÷30=15$

9 19
　풀이 (사다리꼴의 넓이)
　$=(\square+11)×14÷2=210$
　$\square+11=30, \square=19$

10 (위에서부터) 13, 15, 18

129a~129b

1 (1) 20, 20, 20, 20
　(2) 밑변, 높이, 같습니다

2 나

3 ㉡
　풀이 ㉠ (넓이)$=(5+9)×10÷2$
　　　　　$=70(\text{cm}^2)$
　　㉡ (넓이)$=(5+14)×6÷2=57(\text{cm}^2)$
　　㉢ (넓이)$=(4+6)×14÷2=70(\text{cm}^2)$
　　㉣ (넓이)$=(12+8)×7÷2=70(\text{cm}^2)$

4 예

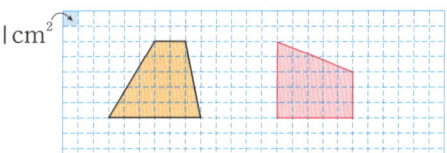

130a~130b

1 (1) 12개 (2) 12개 (3) 24개 (4) 24cm^2

2 12cm^2　　　**3** 32cm^2

4 (1) 2배 (2) 108cm^2 (3) 54cm^2

5 (1) 4배 (2) 5cm^2 (3) 20cm^2

131a~131b

1 60cm^2　　　**2** 84cm^2

3 128cm^2　　　**4** 85cm^2

5 72cm^2　　　**6** 220cm^2

7 9
　풀이 (마름모의 넓이)$=\square×14÷2=63$
　$\square=63×2÷14=9$

8   16

> 풀이 (마름모의 넓이)
> $= 20 \times \square \div 2 = 160$
> $\square = 160 \times 2 \div 20 = 16$

9   12

> 풀이 (마름모의 넓이)
> $= (10 \times \square \div 2) \times 2 = 120$
> $\square = (120 \div 2) \times 2 \div 10 = 12$

10   18

> 풀이 (마름모의 넓이)
> $= (\square \times 11 \div 2) \times 4 = 396$
> $\square = (396 \div 4) \times 2 \div 11 = 18$

11   32cm

132a~132b

1   ㉠

> 풀이 ㉠ (넓이)$= (7 \times 5 \div 2) \times 2 = 35 (\text{cm}^2)$
> ㉡ (넓이)$= 9 \times 8 \div 2 = 36 (\text{cm}^2)$
> ㉢ (넓이)$= 12 \times 6 \div 2 = 36 (\text{cm}^2)$
> ㉣ (넓이)$= (4 \times 9 \div 2) \times 2 = 36 (\text{cm}^2)$

2   184cm^2

3   338cm^2

> 풀이 정사각형의 한 변은 마름모의 두 대
> 각선의 길이와 같습니다.
> (마름모의 넓이)$= 26 \times 26 \div 2$
> $\qquad\qquad\qquad = 338 (\text{cm}^2)$

4   17cm

> 풀이 (선분 ㄴㄹ)$= 12 \times 2 = 24 (\text{cm})$
> (마름모의 넓이)$= 24 \times (선분\ ㄱㄷ) \div 2$
> $\qquad\qquad\qquad\quad = 204$
> (선분 ㄱㄷ)$= 204 \times 2 \div 24 = 17 (\text{cm})$

5   15

> 풀이 (나의 넓이)$= 4 \times 10 \div 2 = 20 (\text{cm}^2)$
> (가의 넓이)$=$ (나의 넓이)$\times 3$
> $8 \times \square \div 2 = 20 \times 3$
> $\square = 60 \times 2 \div 8 = 15$

6   예
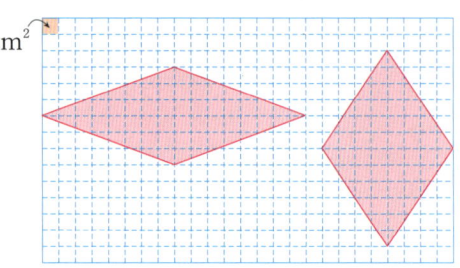

133a~133b   창의력 학습

a
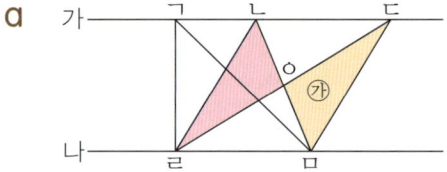

> 풀이 삼각형 ㄴㄹㅁ과 삼각형 ㄷㄹㅁ은
> 밑변과 높이가 같으므로 넓이가 같습니다.
> 삼각형 ㉮의 넓이는 삼각형 ㄷㄹㅁ의 넓이
> 에서 삼각형 ㄹㅁㅇ의 넓이를 뺀 것이므로
> 삼각형 ㄴㄹㅁ에서 삼각형 ㄹㅁㅇ을 뺀 삼
> 각형 ㄴㄹㅇ의 넓이와 같습니다.

b   195cm^2

> 풀이 (모래를 뿌리려는 곳의 넓이)
> $= (25 + 30) \times 12 \div 2 - 15 \times (12 - 3)$
> $= 330 - 135 = 195 (\text{cm}^2)$

134a~135b   경시대회 예상문제

1   126cm^2

2   138cm^2

> 풀이 (넓이)$= 12 \times 18 \div 2 + 10 \times 6 \div 2$
> $\qquad\quad = 108 + 30 = 138 (\text{cm}^2)$

3   ㉠, ㉡, ㉢

> 풀이 ㉠ (넓이)$= 18 \times 11 = 198 (\text{cm}^2)$
> ㉡ (넓이)$= 21 \times 9 = 189 (\text{cm}^2)$
> ㉢ (넓이)$= 15 \times 12 = 180 (\text{cm}^2)$

4   14

> 풀이 평행사변형의 넓이와 삼각형의 넓이
> 가 같으므로 $18 \times \square = 24 \times 21 \div 2$,
> $\square = 252 \div 18 = 14$

5 192cm²

풀이 선분 ㅁㅂ을 변 ㄱㄴ에 닿도록 연장하면 오른쪽과 같습니다.

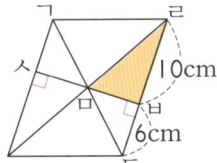

색칠한 부분의 넓이가 30cm²이므로
(선분 ㅁㅂ)=30×2÷10=6(cm)입니다.
(선분 ㅁㅅ)=(선분 ㅁㅂ)이므로
(선분 ㅅㅂ)=(선분 ㅁㅅ)+(선분 ㅁㅂ)
＝12(cm²)

➡ (평행사변형의 넓이)=(10+6)×12
＝192(cm²)

6 20

풀이 (삼각형의 넓이)=15×8÷2
＝□×6÷2
60=□×6÷2, □=60×2÷6=20

7 다

풀이 사다리꼴의 높이는 모두 같으므로 두 밑변의 길이의 합을 비교합니다.

8 사다리꼴 ㄱㄴㄷㅁ의 넓이와 삼각형 ㅁㄷㄹ의 넓이는 같고 높이도 같으므로
(선분 ㅁㄹ)×(높이)÷2
＝{(선분 ㄱㅁ)+16}×(높이)÷2
에서 (선분 ㅁㄹ)=(선분 ㄱㅁ)+16입니다.
(선분 ㄱㅁ)+(선분 ㅁㄹ)=30
(선분 ㄱㅁ)+(선분 ㄱㅁ)+16=30
2×(선분 ㄱㅁ)=14, (선분 ㄱㅁ)=7cm
[답] 7cm

평가 기준	
상	(선분 ㅁㄹ)=(선분 ㄱㅁ)+16임을 알고 답을 바르게 구한 경우
중	(선분 ㅁㄹ)=(선분 ㄱㅁ)+16임을 알았으나 답을 구하지 못한 경우
하	풀이 과정과 답을 구하지 못한 경우

9 (마름모 한 개의 넓이)
＝(22×4÷2)×4=176(cm²)
겹쳐지는 부분의 넓이는 마름모 한 개의 넓이의 $\frac{1}{4}$이므로 밑변이 22cm, 높이가 4cm인 직각삼각형의 넓이와 같습니다.

(겹쳐지는 부분의 넓이)=22×4÷2
＝44(cm²)

➡ (전체 도형의 넓이)
＝(마름모 한 개의 넓이)×2
－(겹쳐지는 부분의 넓이)
＝176×2－44=308(cm²)
[답] 308cm²

평가 기준	
상	겹쳐지는 부분의 넓이는 마름모 한 개의 넓이의 $\frac{1}{4}$임을 알고 답을 바르게 구한 경우
중	겹쳐지는 부분의 넓이는 마름모 한 개의 넓이의 $\frac{1}{4}$임을 알았으나 답을 구하지 못한 경우
하	풀이 과정과 답을 구하지 못한 경우

10 44cm²

풀이 두 대각선 중 길이가 더 긴 대각선의 길이를 □cm라고 하면 다른 대각선의 길이는 (□-3)cm입니다.
□+□-3=19, 2×□=22, □=11
한 대각선이 11cm이므로 다른 대각선의 길이는 8cm입니다.
➡ (마름모의 넓이)=11×8÷2=44(cm²)

11 207cm²

풀이 (색칠한 부분의 넓이)
＝(전체 삼각형의 넓이)
－(색칠되지 않은 삼각형의 넓이)
＝(9+6+9)×23÷2－6×23÷2
＝276－69=207(cm²)

12 152cm²

풀이 (색칠한 부분의 넓이)
＝(사다리꼴의 넓이)－(삼각형의 넓이)
＝(14+20)×16÷2－20×12÷2
＝272－120=152(cm²)

13 244cm²

풀이

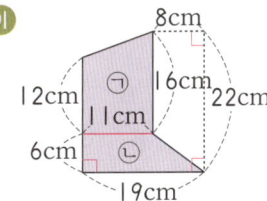

(색칠한 부분의 넓이)
= (㉠의 넓이) + (㉡의 넓이)
= $(12+16) \times 11 \div 2 + (11+19) \times 6 \div 2$
= $154 + 90 = 244(\text{cm}^2)$

14 384cm^2

> **풀이** (색칠한 부분의 넓이)
> = (큰 마름모의 넓이) − (작은 마름모의 넓이)
> = $38 \times 24 \div 2 - 18 \times 8 \div 2$
> = $456 - 72 = 384(\text{cm}^2)$

15 30

> **풀이** (작은 직사각형의 넓이) = 75×2
> 　　　　　　　　　　　　 = $150(\text{cm}^2)$
> (큰 마름모의 넓이) = $150 \times 2 = 300(\text{cm}^2)$
> (큰 직사각형의 넓이) = 300×2
> 　　　　　　　　　　　　 = $600(\text{cm}^2)$
> ➡ $\square \times 20 = 600$, $\square = 30$

136a~136b

1　 1m^2 1m^2 1m^2 1m^2

, 1 제곱미터

2　 1a 1a 1a 1a

, 1 아르

3	40000	**4**	200000
5	5000	**6**	3.7
7	200	**8**	1400
9	8	**10**	60

137a~137b

1

2　㉢

> **풀이** ㉢ $290000\text{cm}^2 = 29\text{m}^2$

3	<	**4**	>
5	1400, 14	**6**	0.29, 290000
7	(　) (○) (　)	**8**	㉣, ㉠, ㉡, ㉢

138a~138b

1	25	**2**	120
3	1.2	**4**	0.9
5	0.36	**6**	840000
7	1600a	**8**	1.44a
9	90m		
10	84m		

> **풀이** $23.1\text{a} = 2310\text{m}^2$입니다.
> (삼각형의 넓이) = $55 \times$ (높이) $\div 2 = 2310$
> (높이) = $2310 \times 2 \div 55 = 84(\text{m})$

139a~139b

1　 1ha 1ha 1ha 1ha

, 1 헥타르

2　 1km^2 1km^2 1km^2

, 1 제곱킬로미터

3	30000	**4**	270000
5	50	**6**	8.1
7	8000000	**8**	405000000
9	10	**10**	900

140a~140b

1

2　㉣

> **풀이** ㉠ $300000\text{m}^2 = 0.3\text{km}^2$
> ㉡ $0.4\text{ha} = 4000\text{m}^2$
> ㉢ $108000\text{m}^2 = 10.8\text{ha}$

3　(　) (○)

> **풀이** $91\text{km}^2 = 91000000\text{m}^2$,
> $91000\text{ha} = 910000000\text{m}^2$
> ➡ $91\text{km}^2 < 91000\text{ha}$

4	㉠	**5**	가
6	1.8km^2	**7**	5030ha

※해답은 따로 보관하고 있다가 채점할 때 사용해 주세요.

141a~141b

1 16 **2** 43.2

3 1.35 **4** 0.9

5 63, 0.63

풀이 2km＝2000m입니다.
(삼각형의 넓이)＝2000×630÷2
　　　　　　　＝630000(m²)
➡ 630000m²＝63ha＝0.63km²

6 576ha **7** 19.5km²

8 2

풀이 3km＝3000m,
600ha＝6000000m²입니다.
(평행사변형의 넓이)＝(밑변)×3000
　　　　　　　　＝6000000
(밑변)＝6000000÷3000＝2000(m)
➡ 2000m＝2km이므로 □＝2입니다.

9 2600

풀이 2.47km²＝2470000m²입니다.
(마름모의 넓이)＝1900×□÷2
　　　　　　　＝2470000
□＝2470000×2÷1900＝2600

142a~142b

1 (위에서부터) 100, 100, $\frac{1}{100}$, $\frac{1}{100}$

2 10000, 10000 **3** 100, 100

4 10000, 10000 **5** 3

6 40 **7** 1000

8 50000 **9** 70.4

10 2.56 **11** 8000

12 71000

143a~143b

1 m² **2** ha

3 cm² **4** a

5 km² **6** 예 ㄴ, ㅅ

7 예 ㄱ, ㄹ **8** 예 ㅁ, ㅇ

9 예 ㄷ, ㅈ

144a~144b

1 ㄹ

풀이 ㄱ, ㄴ, ㄷ a ㄹ km²

2 ㄴ

풀이 (직사각형의 넓이)＝1340×615
　　　　　　　　＝824100(m²)
➡ 824100m²＝8241a＝82.41ha
　　　　＝0.8241km²

3 희수

풀이 0.807km²＝8070a,
807ha＝80700a,
80700m²＝807a이므로
807ha＞0.807km²＞80700m²＞80.7a
입니다. 따라서 가장 넓은 과수원을 가지
고 있는 학생은 희수입니다.

4 52900a **5** 300개

6 0.65km

풀이 9750a＝975000m²,
3km＝3000m입니다.
(마름모의 넓이)＝3000×(선분 ㄱㄷ)÷2
　　　　　　　＝975000
(선분 ㄱㄷ)＝975000×2÷3000
　　　　　＝650(m) ➡ 0.65km

145a~145b

1 lt lt lt lt lt

, 1 톤

2 1000배 **3** 1000배

4 kg **5** g

6 t **7** ㄱ

146a~146b

1 5000 **2** 9

※해답은 따로 보관하고 있다가 채점할 때 사용해 주세요.

3 1.8

4 24000

5 5700

6 12060

7 6, 300, 6.3

8 20, 500, 70

9 5.2t

10 <

11 >

12 ㉢, ㉡, ㉣, ㉠

147a~147b

1

풀이 (포도 128상자의 무게)
$= 25 \times 128 = 3200$(kg) ➡ 3.2t
(포도 40상자의 무게)
$= 25 \times 40 = 1000$(kg) ➡ 1t
(포도 92상자의 무게)
$= 25 \times 92 = 2300$(kg) ➡ 2.3t

2 (1) 4000kg　(2) 4t

3 13.85t

4 6t

5 125개

6 2.4t

148a~148b　창의력 학습

a 300종류

풀이 (직사각형 모양의 땅의 넓이)
$= 2400 \times 1250 = 3000000$(m²)
➡ 30000a
100a마다 다른 종류의 나무를 심는다면
심을 수 있는 나무는
$30000 \div 100 = 300$(종류)입니다.

b 3번

풀이 (어린이 41명의 무게)$= 35 \times 41$
$= 1435$(kg)
엘리베이터는 최대 600kg까지 사람이 탈
수 있으므로 $1435 \div 600 = 2 \cdots 235$에서
적어도 3번 사용해야 합니다.

149a~150b　경시대회 예상문제

1 ㉢, ㉤

2 380, 38000, 3800000, 38000000000

3 82.5t, 82500000g

4 25배

5 110m

풀이 $121a = 12100$m²입니다.
$12100 = 110 \times 110$이므로 정원의 한 변
은 110m입니다.

6 0.2

풀이 $1085a = 108500$m²입니다.
(사다리꼴의 넓이)
$= \{(윗변) + 420\} \times 350 \div 2 = 108500$
(윗변)$+ 420 = 108500 \times 2 \div 350 = 620$,
(윗변)$= 620 - 420 = 200$(m)
➡ 200m$= 0.2$km이므로 □$= 0.2$입니다.

7 시영이네가 수확한 밤을 □kg이라고 하
면 3t$= 3000$kg이므로
□$+ 640 + 720 + 690 = 3000$
□$= 3000 - 2050 = 950$(kg)
따라서 수확한 밤은 950kg입니다.
[답] 950kg

평가 기준	
상	시영이네 마을의 밤 수확량을 모두 더하고 답을 바르게 구한 경우
중	시영이네 마을의 밤 수확량은 모두 더했으나 답을 구하지 못한 경우
하	풀이 과정과 답을 구하지 못한 경우

8 (1) 80대　(2) 15대　(3) 5대

풀이 (3) 트럭에 실을 수 있는 텔레비전을
□대라 하면
$(15 \times 40) + (80 \times 6) + (24 \times □) = 1200$
$600 + 480 + (24 \times □) = 1200$
$24 \times □ = 120$, □$= 5$(대)

9 8대

풀이 (파인애플 1000상자의 무게)
$= 40 \times 1000 = 40000$(kg) ➡ 40t
(필요한 트럭 수)$= 40 \div 5 = 8$(대)

10 색칠한 마름모의 넓이는 가장 큰 정사각형
의 넓이의 $\frac{1}{2} \times \frac{1}{2} \times \frac{1}{2} = \frac{1}{8}$입니다.
4.8km$= 4800$m이므로
(큰 정사각형의 넓이)$= 4800 \times 4800$
$= 23040000$(m²)
➡ 2304ha

※해답은 따로 보관하고 있다가 채점할 때 사용해 주세요.

(색칠한 마름모의 넓이)$=2304 \times \dfrac{1}{8}$
$=288(ha)$

[답] 288ha

평가 기준

상	색칠한 마름모의 넓이가 큰 정사각형의 넓이의 $\dfrac{1}{8}$임을 알고 답을 바르게 구한 경우
중	색칠한 마름모의 넓이가 큰 정사각형의 넓이의 $\dfrac{1}{8}$임을 알았으나 답을 구하지 못한 경우
하	풀이 과정과 답을 구하지 못한 경우

11 $1.14km^2$

풀이 긴 대각선의 길이를 □m라 하면 다른 대각선의 길이는 (□−700)m입니다.
□+(□−700)=3100,
2×□=3800, □=1900
따라서 마름모 모양의 땅의 두 대각선의 길이는 각각 1900m, 1200m입니다.
(땅의 넓이)=1900×1200÷2
$=1140000(m^2)$ ➡ $1.14km^2$

151a~154b

1 ㉣　　　　　　**2** 6cm

3 $234cm^2$　　　　**4** $120cm^2$

5 $204cm^2$　　　　**6** 라

7 ㉮

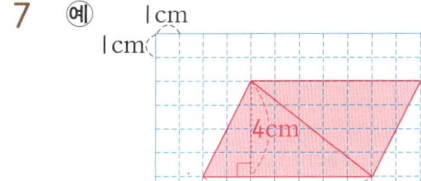

, $28cm^2$

8 12, 12, 2, 132

9 $100cm^2$　　　　**10** $250cm^2$

11 $132cm^2$　　　　**12** $77cm^2$

13 ㉡

풀이 ㉠ (넓이)$=(7 \times 8 \div 2) \times 4$
$=112(cm^2)$

㉡ (넓이)$=(12 \times 13 \div 2) \times 2=156(cm^2)$
㉢ (넓이)$=17 \times 10 \div 2=85(cm^2)$

14 가

풀이 (가의 넓이)$=(6+11) \times 14 \div 2$
$=119(cm^2)$
(나의 넓이)$=13 \times 18 \div 2=117(cm^2)$

15 11cm　　　　**16** 40

17 16cm

풀이 (마름모의 넓이)
$=18 \times (선분 ㄱㄷ) \div 2=144$
(선분 ㄱㄷ)$=144 \times 2 \div 18=16(cm)$

18 22cm

풀이 (사다리꼴의 넓이)
$=(14+26) \times 11 \div 2=220(cm^2)$
(평행사변형의 넓이)=(사다리꼴의 넓이)
이므로 (평행사변형의 밑변)×10=220,
(평행사변형의 밑변)=220÷10=22(cm)

19 24

풀이 (삼각형의 넓이)$=□ \times 14 \div 2$
$=21 \times 16 \div 2$
□×14÷2=168, □=24

20 $120cm^2$

풀이 삼각형 ㄴㄷㄹ의 높이가 □cm이면
(삼각형 ㄴㄷㄹ의 넓이)$=15 \times □ \div 2=90$
□=90×2÷15=12(cm)
사다리꼴 ㄱㄴㄷㄹ의 높이와 삼각형 ㄴㄷㄹ의 높이는 같으므로 사다리꼴 ㄱㄴㄷㄹ의 높이는 12cm입니다.
(사다리꼴의 넓이)$=(5+15) \times 12 \div 2$
$=120(cm^2)$

21 $375cm^2$

풀이 마름모의 두 대각선의 길이를 각각 □cm, (□−5)cm라고 하면
□+(□−5)=55, 2×□=60, □=30
마름모의 두 대각선은 각각 30cm, 25cm 이므로 넓이는 30×25÷2=375(cm^2)

22 $52cm^2$

23 $244cm^2$

풀이 (도형의 넓이)
=(삼각형의 넓이)+(사다리꼴의 넓이)

$=16\times12\div2+(20+17)\times8\div2$
$=96+148=244(cm^2)$

24 $96cm^2$

풀이 (색칠한 부분의 넓이)
$=(8\times12\div2)\times2=96(cm^2)$

25 예

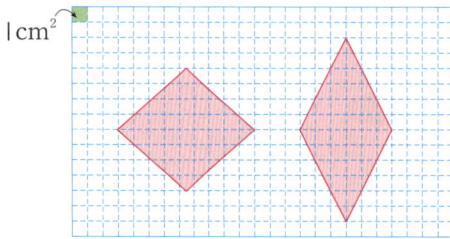

$1cm^2$

155a~158b

1 높이

2 밑변

3 $40cm^2$

4 10, 7, 2, 35

5 $75cm^2$

6 $42cm^2$

7 $68cm^2$

8 $88cm^2$

9 $63cm^2$

10 다

11 $60cm^2$

12 (위에서부터) 9, 17

13 11

풀이 (사다리꼴의 넓이)
$=(9+15)\times\square\div2=132$
$\square=132\times2\div24=11$

14

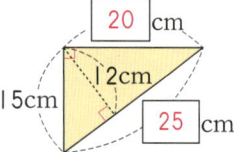

20 cm
12cm
15cm
25 cm

풀이 (평행사변형의 넓이)$=15\times10$
$=150(cm^2)$
(삼각형의 넓이)=(평행사변형의 넓이)
이므로 밑변이 $\square$cm이고 높이가 12cm
일 때, 삼각형의 넓이는 $\square\times12\div2=150$,
$\square=150\times2\div12=25$
밑변이 15cm이고 높이가 $\square$cm일 때, 삼
각형의 넓이는 $15\times\square\div2=150$,
$\square=150\times2\div15=20$

15 ㉮와 ㉰, ㉯와 ㉱, ㉲와 ㉳

풀이 (㉮의 넓이)$=(4+6)\times5\div2$
$=25(cm^2)$
(㉯의 넓이)$=(3+5)\times4\div2=16(cm^2)$
(㉰의 넓이)$=(2+8)\times5\div2=25(cm^2)$
(㉱의 넓이)$=(3+6)\times4\div2=18(cm^2)$
(㉲의 넓이)$=(2+6)\times4\div2=16(cm^2)$
(㉳의 넓이)$=(5+4)\times4\div2=18(cm^2)$

16 나

풀이 (가의 넓이)$=14\times9\div2=63(cm^2)$
(나의 넓이)$=(4\times8\div2)\times4=64(cm^2)$

17 ㉣, ㉠, ㉡, ㉢

풀이 ㉠ (평행사변형의 넓이)$=12\times19$
$=228(cm^2)$
㉡ (삼각형의 넓이)$=30\times15\div2$
$=225(cm^2)$
㉢ (사다리꼴의 넓이)$=22\times20\div2$
$=220(cm^2)$
㉣ (마름모의 넓이)$=26\times21\div2$
$=273(cm^2)$

18 예

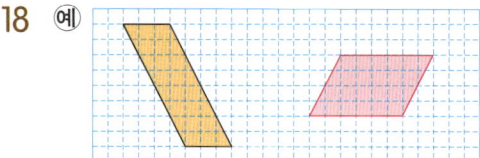

19 $200cm^2$

20 $510cm^2$

풀이

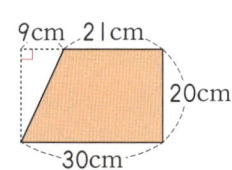

9cm 21cm
20cm
30cm

(사다리꼴의 넓이)$=(21+30)\times20\div2$
$=510(cm^2)$

21 (1) 6cm (2) $60cm^2$

풀이 (1) (삼각형 ㄱㄴㄹ의 넓이)
$=16\times3\div2=24(cm^2)$
삼각형 ㄱㄴㄹ의 밑변이 8cm일 때,
(삼각형 ㄱㄴㄹ의 높이)$=24\times2\div8$
$=6(cm)$
(사다리꼴 ㄱㄴㄷㄹ의 높이)
=(삼각형 ㄱㄴㄹ의 높이)$=6cm$

(2) (사다리꼴 ㄱㄴㄷㄹ의 넓이)
$= (8+12) \times 6 \div 2 = 60(cm^2)$

22 $108cm^2$

풀이 (색칠한 부분의 넓이)
= (사다리꼴의 넓이) − (직사각형의 넓이)
$= (12+21) \times 8 \div 2 - 3 \times 8$
$= 132 - 24 = 108(cm^2)$

23 $150cm^2$

풀이 (삼각형 ㄱㄹㅁ의 넓이)
$= 8 \times (선분 ㄱㄹ) \div 2 = 24$
$(선분 ㄱㄹ) = 24 \times 2 \div 8 = 6(cm)$
(삼각형 ㄱㄴㄷ의 넓이) $= 20 \times (6+9) \div 2$
$= 150(cm^2)$

24 $75cm^2$

풀이 (선분 ㄱㄹ)=(선분 ㄴㄷ)=(선분 ㄷㅁ) 일 때 삼각형 ㄱㄴㄷ, 삼각형 ㄱㄷㄹ, 삼각형 ㄹㄷㅁ은 밑변과 높이가 각각 같으므로 넓이가 모두 같습니다. 따라서 삼각형 ㄹㄷㅁ의 넓이는 사다리꼴 ㄱㄴㄷㄹ의 넓이의 $\frac{1}{3}$ 이므로 $225 \times \frac{1}{3} = 75(cm^2)$ 입니다.

159a~160b

1 ㄹ

2 (위에서부터) 10000, $\frac{1}{10000}$

3 30000 　　**4** 4.3

5 ㅁ, ㅂ 　　**6** ㄹ

7 4.5a

풀이 (사다리꼴의 넓이)
$= (13+32) \times 20 \div 2 = 450(m^2)$ ➡ 4.5a

8 1000배 　　**9** 3800, 3800000

10 (1) kg (2) t 　　**11** 1.3t

12 ㄷ, ㄴ, ㄱ 　　**13** 3t

14 5.7t

161a~162b

1 400, 4 　　**2** 36.7ha

3 > 　　**4** (1) cm^2 (2) a

5 ㄴ, ㄹ

풀이 ㄴ 1.8t=1800kg
ㄹ 20t 35kg 690g=20035690g

6 ㄷ 　　**7** 100상자

8 ㄱ 　　**9** 1000종류

10 225a

풀이 (정사각형 모양의 땅의 한 변의 길이)=$600 \div 4 = 150(m)$
(땅의 넓이)=$150 \times 150 = 22500(m^2)$
➡ 225a

11 2620m

풀이 144.1ha=1441000m^2,
1.1km=1100m입니다.
(마름모 ㄱㄴㄷㄹ의 넓이)
= (선분 ㄱㄷ) $\times 1100 \div 2$
= 1441000
(선분 ㄱㄷ) = $1441000 \times 2 \div 1100$
= 2620(m)

12 ㄴ

풀이 ㄱ 2t=2000kg ㄴ 3100kg
ㄷ 56900g=56.9kg ㄹ 1.9t=1900kg
➡ ㄴ>ㄱ>ㄹ>ㄷ

13 6t 　　**14** 72배

15 10명

풀이 (엘리베이터에 탄 어른의 무게)
$= 75 \times 8 = 600(kg)$
0.9t=900kg이므로 어른이 타고 남은 무게는 $900 - 600 = 300(kg)$입니다.
따라서 어린이는 최대 $300 \div 30 = 10(명)$ 까지 탈 수 있습니다.

163a~163b　창의력 학습

α $52cm^2$

풀이 정사각형 ㅁㅂㅅㅇ의 한 변은 2cm이므로 선분 ㅇㅅ은 2cm입니다.
(선분 ㄴㅂ)=$2 \times (선분 ㅇㅅ)$
$= 2 \times 2 = 4(cm)$

(선분 ㄱㅂ)=3×(선분 ㅇㅅ)
          =3×2=6(cm)
(삼각형 ㄱㄴㅂ의 넓이)
=(삼각형 ㄴㄷㅅ의 넓이)
=(삼각형 ㄷㄹㅇ의 넓이)
=(삼각형 ㄹㄱㅁ의 넓이)
=4×6÷2=12(cm²)
(정사각형 ㅁㅂㅅㅇ의 넓이)=2×2
                    =4(cm²)
(마름모 ㄱㄴㄷㄹ의 넓이)
=(삼각형 ㄱㄴㅂ의 넓이)×4
  +(정사각형 ㅁㅂㅅㅇ의 넓이)
=12×4+4=48+4=52(cm²)

b 8.7t

풀이 4.5t=4500kg, 0.2t=200kg
(동물들의 무게의 합)
=35+4500+200+115+3850
=8700(kg) ➡ 8.7t

164a~165b 경시대회 예상문제

1 15cm

2 80cm²

풀이 (색칠한 부분의 넓이)
=(정사각형 3개의 넓이)-(삼각형의 넓이)
=(10×10+8×8+6×6)
  -(10+8+6)×10÷2
=200-120=80(cm²)

3 108cm²

풀이

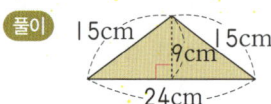

(이등변삼각형의 넓이)=24×9÷2
                  =108(cm²)

4 12cm

풀이 (삼각형 ㄹㅁㄷ의 넓이)=8×9÷2
                      =36(cm²)
(평행사변형의 넓이)
=3×(삼각형 ㄹㅁㄷ의 넓이)
=3×36=108(cm²)
(변 ㄱㄹ)×9=108, (변 ㄱㄹ)=12(cm)

---

5 삼각형 ㄱㄷㄹ은 밑변이 35cm일 때 높이
는 12cm이고, 밑변이 20cm일 때 높이는
변 ㄱㄴ입니다.
(삼각형 ㄱㄷㄹ의 넓이)
=35×12÷2=20×(변 ㄱㄴ)÷2
(변 ㄱㄴ)=210×2÷20=21(cm)
(사다리꼴 ㄱㄴㄷㄹ의 넓이)
=(20+28)×21÷2=504(cm²)
[답] 504cm²

평가 기준	
상	변 ㄱㄴ의 길이를 구하고 답을 바르게 구한 경우
중	변 ㄱㄴ의 길이는 구했으나 답을 구하지 못한 경우
하	풀이 과정과 답을 구하지 못한 경우

6 16cm²

풀이 색칠한 부분의 넓이는 가장 큰 마름
모의 넓이의 $\frac{1}{2} \times \frac{1}{2} \times \frac{1}{2} \times \frac{1}{2} = \frac{1}{16}$입니다.
(색칠한 부분의 넓이)
=(16×8÷2)×4×$\frac{1}{16}$=16(cm²)

7 49ha

8 90m

풀이 (직사각형 ㉯의 넓이)=60×110
                    =6600(m²)
15a=1500m²이므로
(정사각형 ㉮의 넓이)
=(직사각형 ㉯의 넓이)+1500
=6600+1500=8100(m²)
90×90=8100이므로 정사각형 ㉮의 한
변은 90m입니다.

9 20000그루

풀이 (사다리꼴 모양의 땅의 넓이)
=(800+1200)×1000÷2
=1000000(m²) ➡ 100ha
(필요한 배나무의 수)=100×200
                =20000(그루)

10 10개

풀이 (엘리베이터에 탄 어른과 어린이의
무게)=80×7+35×4=700(kg)
0.8t=800kg이므로 상자는 최대

$(800-700) \div 10 = 10$(개)까지 실을 수 있습니다.

11 $15ha = 150000m^2$이므로
(심을 수 있는 포도나무의 수)
$= 150000 \div 3 = 50000$(그루)
(영호네 과수원에서 수확할 수 있는 포도의 양)$= 50000 \times 80 = 4000000$(kg)
➡ 4000t

[답] 4000t

평가 기준	
상	과수원에 심을 수 있는 포도나무의 수를 구하고 답을 바르게 구한 경우
중	과수원에 심을 수 있는 포도나무의 수는 구했으나 답을 구하지 못한 경우
하	풀이 과정과 답을 구하지 못한 경우

12 510000원

풀이 $5t = 5000kg$이므로
$83000 \div 5000 = 16 \cdots 3000$입니다.
트럭이 16번 운반하면 3000kg이 남으므로 17번 운반을 해야 합니다.
따라서 화물을 모두 운반하는 데 드는 비용은 $17 \times 30000 = 510000$(원)입니다.

166a~167b

1 8, 4, 2, 2, 2, 1, 3, 1, 2, 1, 1, 1
/ 1, 2, 4, 8

2 48, 54, 36, 72에 ○표

3 ㄹ   **4** ㄹ, ㅂ

5 ㄷ, ㄹ, ㄴ, ㄱ

6 2, 2, 3, 2, 3, 3 / 2, 3, 6

7 105, 189   **8** 2, 3, 6, 7 / 252

9 36, 72, 108

10 8봉지

풀이 남김없이 똑같이 나누어 담는 봉지 수는 48과 56의 최대공약수인 8입니다.
따라서 8봉지에 나누어 담을 수 있습니다.

11 오전 9시 10분

풀이 두 버스가 다음번에 동시에 출발할 때까지 걸린 시간은 10과 15의 최소공배수인 30입니다.
따라서 목포행과 춘천행은 30분마다 동시에 출발하므로 오전 8시 40분에 출발하고 다음번에 동시에 출발하는 시각은 오전 9시 10분입니다.

12 964

풀이 (어떤 수)-4를 20과 32로 나누면 나누어떨어지므로 (어떤 수)-4는 20과 32의 공배수입니다.
20과 32의 공배수는 160, 320, 480, 640, 800, 960, 1120, ……이고 어떤 수는 20과 32의 공배수보다 4 큰 수이므로 가장 큰 세 자리 수는 $960+4 = 964$입니다.

168a~168b

1 $\dfrac{3}{4}, \dfrac{18}{24}, \dfrac{30}{40}$에 ○표

2 $\dfrac{2}{5}, \dfrac{9}{17}$ **3** $\dfrac{5}{7}$

4 $\dfrac{4}{5}$ **5** 148

6 $>$

7 $\dfrac{15}{24}, \dfrac{7}{10}, \dfrac{3}{4}$

풀이 $\dfrac{3}{4} = \dfrac{90}{120}, \dfrac{7}{10} = \dfrac{84}{120}, \dfrac{15}{24} = \dfrac{75}{120}$
➡ $\dfrac{15}{24} < \dfrac{7}{10} < \dfrac{3}{4}$

169a~170b

1 5, 5, 4, 4, 15, 8, 23, 1, 3

2 $\dfrac{31}{42}$ **3** $3\dfrac{3}{40}$

4 $\dfrac{5}{24}$

풀이 $\square = \dfrac{5}{6} - \dfrac{5}{8} = \dfrac{20}{24} - \dfrac{15}{24} = \dfrac{5}{24}$

5

풀이 $3\dfrac{4}{5} - 1\dfrac{1}{2} = 3\dfrac{8}{10} - 1\dfrac{5}{10} = 2\dfrac{3}{10}$

$$5\frac{2}{3}-3\frac{7}{9}=5\frac{6}{9}-3\frac{7}{9}=1\frac{8}{9}$$

6 $1\frac{13}{45}$, $\frac{7}{18}$ 　　　**7** $4\frac{25}{56}$

8 $<$

풀이 $\dfrac{7}{9}-\dfrac{5}{12}=\dfrac{28}{36}-\dfrac{15}{36}=\dfrac{13}{36}$

$\dfrac{1}{6}+\dfrac{3}{4}=\dfrac{2}{12}+\dfrac{9}{12}=\dfrac{11}{12}=\dfrac{33}{36}$

➡ $\dfrac{13}{36}<\dfrac{33}{36}$

9 $\dfrac{5}{63}$

풀이 $\dfrac{10}{21}=\dfrac{150}{315}$, $\dfrac{5}{9}=\dfrac{175}{315}$, $\dfrac{8}{15}=\dfrac{168}{315}$

이므로 $\dfrac{5}{9}>\dfrac{8}{15}>\dfrac{10}{21}$ 입니다.

➡ $\dfrac{5}{9}-\dfrac{10}{21}=\dfrac{35}{63}-\dfrac{30}{63}=\dfrac{5}{63}$

10 $5\dfrac{53}{56}$ cm

11 $2\dfrac{23}{36}$

풀이 (어떤 수)$+3\dfrac{7}{12}=6\dfrac{2}{9}$

(어떤 수)$=6\dfrac{2}{9}-3\dfrac{7}{12}$

$=6\dfrac{8}{36}-3\dfrac{21}{36}=2\dfrac{23}{36}$

12 $3\dfrac{34}{63}$ m

풀이 (이어 붙인 색 테이프 전체의 길이)

$=2\dfrac{9}{14}+1\dfrac{11}{18}-\dfrac{5}{7}$

$=2\dfrac{81}{126}+1\dfrac{77}{126}-\dfrac{5}{7}=4\dfrac{16}{63}-\dfrac{5}{7}$

$=4\dfrac{16}{63}-\dfrac{45}{63}=3\dfrac{34}{63}$ (m)

13 $2\dfrac{11}{120}$ L

풀이 (난로에 들어 있는 석유의 양)

$=4\dfrac{3}{8}-3\dfrac{7}{10}+1\dfrac{5}{12}$

$=4\dfrac{45}{120}-3\dfrac{84}{120}+1\dfrac{50}{120}=2\dfrac{11}{120}$ (L)

171a~172b

1 3, $1\dfrac{4}{5}$

2 $\dfrac{1}{7}$, 2, $\dfrac{1}{7}$, 2, 8, $\dfrac{2}{7}$, $8\dfrac{2}{7}$

3 (위에서부터) $6\dfrac{1}{4}$ / 32 / $26\dfrac{2}{3}$, $7\dfrac{1}{2}$

4 ㉣

풀이 ㉠, ㉡, ㉢ $\dfrac{1}{72}$ ㉣ $\dfrac{1}{77}$

5 $<$ 　　　**6** ㉣, ㉠, ㉡, ㉢

7 6

풀이 $4\dfrac{1}{6}\times1\dfrac{3}{5}\times\dfrac{9}{10}=\dfrac{25}{6}\times\dfrac{8}{5}\times\dfrac{9}{10}=6$

8 $11\dfrac{7}{15}$

풀이 ㉮ $3\dfrac{4}{15}\times8\times2\dfrac{4}{7}=\dfrac{49}{15}\times8\times\dfrac{18}{7}$

$=\dfrac{336}{5}=67\dfrac{1}{5}$

㉯ $21\times\dfrac{8}{9}\times4\dfrac{3}{14}=21\times\dfrac{8}{9}\times\dfrac{59}{14}$

$=\dfrac{236}{3}=78\dfrac{2}{3}$

➡ ㉯－㉮$=78\dfrac{2}{3}-67\dfrac{1}{5}=11\dfrac{7}{15}$

9 5개

풀이 $\dfrac{1}{5}\times\dfrac{1}{\square}=\dfrac{1}{5\times\square}$ 이므로

$\dfrac{1}{5\times\square}>\dfrac{1}{30}$ 입니다. 분자가 1일 때에는 분모가 작을수록 큰 수이므로 $5\times\square$는 30보다 작아야 합니다. 따라서 $\square$ 안에 들어

갈 수 있는 수는 1, 2, 3, 4, 5로 5개입니다.

10 25km

풀이 2시간 15분=$2\frac{15}{60}$시간=$2\frac{1}{4}$시간

(연홍이가 2시간 15분 동안 달릴 거리)

$=2\frac{1}{4}\times11\frac{1}{9}=\frac{9}{4}\times\frac{100}{9}=25$(km)

11 $6\frac{4}{7}$cm^2

풀이 (색칠한 부분의 넓이)

$=(8\frac{4}{15}-3\frac{2}{3})\times1\frac{3}{7}=4\frac{3}{5}\times1\frac{3}{7}$

$=\frac{23}{5}\times\frac{10}{7}=\frac{46}{7}=6\frac{4}{7}$(cm^2)

12 $22\frac{1}{2}$m

풀이 (창주가 가진 리본의 길이)

=(민수가 가진 리본의 길이)$\times1\frac{5}{7}$

=(철수가 가진 리본의 길이)$\times2\frac{5}{8}\times1\frac{5}{7}$

$=5\times2\frac{5}{8}\times1\frac{5}{7}=5\times\frac{21}{8}\times\frac{12}{7}$

$=\frac{45}{2}=22\frac{1}{2}$(m)

173a~173b

1 다

2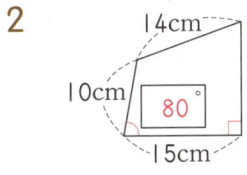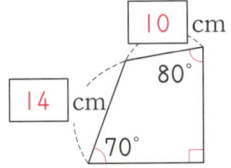

3 25cm

풀이 삼각형 ㄱㄴㄷ과 삼각형 ㄹㄷㄴ은
합동이므로 (변 ㄱㄴ)=(변 ㄹㄷ)=13cm
(변 ㄱㄷ)=53−(13+15)=25(cm)

4 점 ㄱ **5** ㉡

6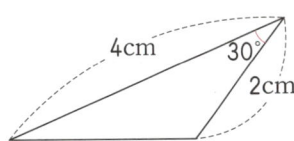

174a~174b

1 ㉢

2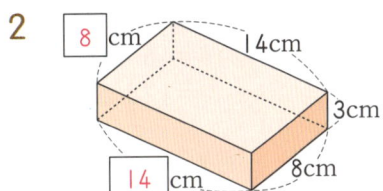

3 12cm **4** ㉣

5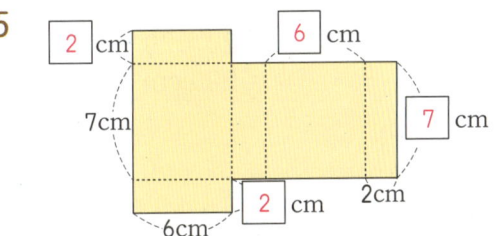

6 선분 ㅈㅇ

175a~176b

1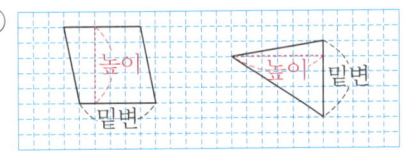
예

2 (1) 2배 (2) 300cm^2 (3) 150cm^2

3 15cm **4** ㉡

5 225cm^2 **6** 7

7 ㉢

풀이 ㉠ (넓이)=(6+11)$\times$14$\div$2
$=119$(cm^2)

㉡ (넓이)=(7+13)$\times$10$\div$2=100(cm^2)

㉢ (넓이)=(15+9)$\times$12$\div$2=144(cm^2)

8 8

풀이 (마름모의 넓이)
$=(12\times5\div2)\times4=120(cm^2)$
(평행사변형의 넓이)=(마름모의 넓이)
이므로 $15\times\square=120$, $\square=120\div15=8$

9 $128cm^2$

풀이 (사다리꼴 ㄱㄴㄷㄹ의 높이)
$=240\times2\div(7+23)=16(cm)$
평행사변형 ㄱㅁㄷㄹ에서
(선분 ㅁㄷ)=(선분 ㄱㄹ)=7cm이므로
(선분 ㄴㅁ)=$23-7=16(cm)$
(삼각형 ㄱㄴㅁ의 넓이)=$16\times16\div2$
$=128(cm^2)$

10 $200cm^2$

풀이 가장 큰 마름모의 대각선의 길이는
원의 지름의 길이와 같습니다.
(마름모의 대각선)=(원의 지름)
$=10\times2=20(cm)$
(마름모의 넓이)=$20\times20\div2$
$=200(cm^2)$

11 $67cm^2$

풀이 (색칠한 부분의 넓이)
=(사다리꼴의 넓이)-(삼각형의 넓이)
$=(6+16)\times11\div2-12\times9\div2$
$=121-54=67(cm^2)$

12 34

풀이 (⊕의 넓이)=$18\times30\div2$
$=270(cm^2)$
(⑦의 넓이)$=3\times$(⊕의 넓이)이므로
$(20+\square)\times30\div2=3\times270$
$20+\square=810\times2\div30$
$\square=54-20=34$

177a~177b

1 ㉢

2 22500, 2.25

3 (1) m^2 (2) km^2

4 ㉠, ㉣, ㉡, ㉢

5 1700, 1700000

6 하마

7 10t

풀이 (세령이네 마을의 감자 수확량)

$=1920+2130+1860+2200+1890$
$=10000(kg)$ ➡ 10t

8 140개

풀이 7t=7000kg이므로 상자를
$7000\div50=140(개)$까지 실을 수 있습니다.

178a~178b 창의력 학습

a $700cm^2$

풀이 진규와 민석이가 차지한 땅의 세로
는 같고 넓이는 각각 $1410cm^2$, $1050cm^2$
이므로 직사각형의 세로는 1410과 1050
의 최대공약수인 30, 즉 30cm이고 가로
는 진규가 47cm, 민석이가 35cm입니다.
은정이가 차지한 땅의 가로는 47cm이고
넓이는 $940cm^2$이므로 세로는
$940\div47=20(cm)$입니다.
따라서 지수가 차지한 땅의 넓이는
$35\times20=700(cm^2)$입니다.

b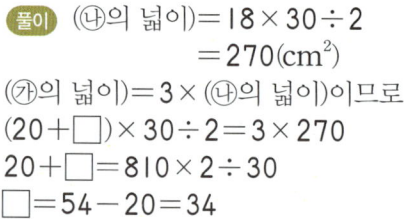

179a~180b 경시대회 예상문제

1 32

2 45

풀이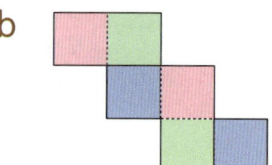

최소공배수 ➡ $9\times6\times\triangle=270$
$\triangle=270\div54=5$
$\square=9\times\triangle$이므로 $\square=9\times5=45$

3 $\frac{4}{7}$, $\frac{11}{21}$, $\frac{5}{12}$, $\frac{2}{5}$

풀이 $\frac{1}{2}$보다 작은 분수: $\frac{2}{5}$, $\frac{5}{12}$

$(\frac{2}{5}, \frac{5}{12})$ ➡ $(\frac{24}{60}, \frac{25}{60})$ ➡ $\frac{2}{5}<\frac{5}{12}$

$\frac{1}{2}$보다 큰 분수: $\frac{4}{7}$, $\frac{11}{21}$

$$\left(\frac{4}{7}, \frac{11}{21}\right) \Rightarrow \left(\frac{12}{21}, \frac{11}{21}\right) \Rightarrow \frac{4}{7} > \frac{11}{21}$$

따라서 큰 수부터 차례로 쓰면

$\frac{4}{7}, \frac{11}{21}, \frac{5}{12}, \frac{2}{5}$ 입니다.

4 $\frac{1}{4}$

5 약국, $\frac{41}{120}$ km

풀이 (집~놀이터~공원)

$$= 1\frac{1}{3} + 1\frac{4}{5} = 1\frac{5}{15} + 1\frac{12}{15} = 3\frac{2}{15}(km)$$

(집~약국~공원)

$$= 1\frac{3}{8} + 1\frac{5}{12} = 1\frac{9}{24} + 1\frac{10}{24} = 2\frac{19}{24}(km)$$

따라서 약국을 거쳐 가는 길이

$3\frac{2}{15} - 2\frac{19}{24} = \frac{41}{120}(km)$ 더 가깝습니다.

6 $34\frac{2}{15}$

풀이 가장 큰 대분수는 $9\frac{3}{5}$, 가장 작은 대

분수는 $3\frac{5}{9}$ 입니다.

$$\Rightarrow 9\frac{3}{5} \times 3\frac{5}{9} = \frac{\overset{16}{48}}{5} \times \frac{32}{\underset{3}{9}} = \frac{512}{15} = 34\frac{2}{15}$$

7 꽃밭 전체를 1이라고 하면

(무궁화를 심고 남은 부분)$= 1 - \frac{4}{9} = \frac{5}{9}$

(해바라기를 심은 부분)

$=$ (무궁화를 심고 남은 부분)$\times \frac{2}{5}$

$$= \frac{\overset{1}{5}}{9} \times \frac{2}{\underset{1}{5}} = \frac{2}{9}$$

(아무것도 심지 않은 부분)

$$= 1 - \frac{4}{9} - \frac{2}{9} = \frac{3}{9} = \frac{1}{3}$$

(장미를 심을 부분)$= \frac{1}{3} \times \frac{1}{6} = \frac{1}{18}$

[답] $\frac{1}{18}$

평가 기준	
상	아무것도 심지 않은 부분을 구하고 답을 바르게 구한 경우
중	아무것도 심지 않은 부분은 구했으나 답을 구하지 못한 경우
하	풀이 과정과 답을 구하지 못한 경우

8 10가지

풀이 양 끝 각의 크기의 합이 180°보다 작아야 하므로 (10°, 45°), (10°, 60°), (10°, 90°), (10°, 115°), (10°, 150°), (45°, 60°), (45°, 90°), (45°, 115°), (60°, 90°), (60°, 115°)입니다. 따라서 그릴 수 있는 삼각형은 모두 10가지입니다.

9

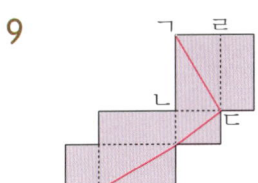

10 216cm²

풀이 (삼각형 ㄴㄷㅁ의 넓이)

$= 25 \times$ (선분 ㅁㅂ)$\div 2$

$= 15 \times 20 \div 2 = 150(cm^2)$

(선분 ㅁㅂ)$= 150 \times 2 \div 25 = 12(cm)$

(사다리꼴 ㄱㄴㄷㄹ의 넓이)

$= (11 + 25) \times 12 \div 2 = 216(cm^2)$

11 30cm²

풀이 겹쳐진 부분은 평행사변형이고, 평행사변형의 높이는 직사각형의 세로와 같습니다. 따라서 겹쳐진 부분은 밑변이 6cm, 높이가 5cm인 평행사변형이므로 넓이는 $6 \times 5 = 30(cm^2)$입니다.

12 3375t

풀이 9ha$= 90000m^2$이므로

(심을 수 있는 사과나무의 수)

$= 90000 \div 2 = 45000$(그루)

(과수원에서 수확할 수 있는 사과의 양)

$= 45000 \times 75 = 3375000(kg)$

$\Rightarrow 3375t$

13 종료 테스트

1 (1) 90 (2) 1260

2 8

풀이 6의 배수는 3의 배수이면서 짝수인 수이므로 $7+2+1+\square=10+\square$에서 □ 안에 들어갈 수는 2, 8입니다. 이때 가장 큰 수는 8입니다.

3 30m   **4** 5개

5 $\dfrac{7}{12}, \dfrac{2}{5}, \dfrac{3}{8}$

6 $2\dfrac{7}{18}$

풀이 (어떤 수)$=23\dfrac{5}{18}-10\dfrac{4}{9}$
$=12\dfrac{15}{18}=12\dfrac{5}{6}$

바르게 계산하면 $12\dfrac{5}{6}-10\dfrac{4}{9}=2\dfrac{7}{18}$

7 $8\dfrac{4}{9}$

풀이 $\square=42\dfrac{11}{72}-13\dfrac{5}{8}-20\dfrac{1}{12}$
$=8\dfrac{32}{72}=8\dfrac{4}{9}$

8 $\dfrac{1}{12}$

풀이 전체 사탕의 양을 1이라고 하면
(진수가 어제 먹고 남은 사탕의 양)
$=1-\dfrac{2}{3}=\dfrac{1}{3}$
(진수가 오늘 먹은 사탕의 양)
$=\dfrac{1}{3}\times\dfrac{1}{4}=\dfrac{1}{12}$

9 $20\dfrac{1}{4}$ cm

풀이 (10분 동안 타는 양초의 길이)
$=\dfrac{3}{8}\times\overset{5}{\underset{4}{10}}=\dfrac{15}{4}=3\dfrac{3}{4}$(cm)
(남은 양초의 길이)$=24-3\dfrac{3}{4}=20\dfrac{1}{4}$(cm)

10 ㉯

풀이 (정사각형 ㉮의 넓이)
$=13\dfrac{1}{2}\times13\dfrac{1}{2}=\dfrac{27}{2}\times\dfrac{27}{2}$
$=\dfrac{729}{4}=182\dfrac{1}{4}$(cm^2)

(직사각형 ㉯의 넓이)
$=11\dfrac{3}{8}\times17\dfrac{5}{7}=\dfrac{\overset{13}{\cancel{91}}}{\underset{2}{\cancel{8}}}\times\dfrac{\overset{31}{\cancel{124}}}{\underset{1}{\cancel{7}}}$
$=\dfrac{403}{2}=201\dfrac{1}{2}$(cm^2)

11 52cm   **12** ㉣

13 14

풀이 □cm가 가장 긴 변일 때,
$\square<8+11$, $\square<19$이므로 □ 안에 들어갈 수 있는 가장 큰 자연수는 18입니다.
11cm가 가장 긴 변일 때,
$11<8+\square$, $\square>3$이므로 □ 안에 들어갈 수 있는 가장 작은 자연수는 4입니다.
➡ $18-4=14$

14 (1) 면 ㅁㅂㅅㅇ
(2) 면 ㄱㄴㄷㄹ, 면 ㄴㅂㅁㄱ,
변 ㅁㅂㅅㅇ, 면 ㄷㅅㅇㄹ

15 180cm

16 204cm^2

풀이 (직사각형 ㄱㄴㄷㄹ의 넓이)
$=12\times(5+7+5)=12\times17=204$(cm^2)

17 32

18 48cm^2

풀이 (색칠한 부분의 넓이)
$=$(사다리꼴의 넓이)$-$(직사각형의 넓이)
$=(7+11)\times8\div2-3\times8=48$(cm^2)

19 1100ha

풀이 4km 400m$=4400$m이므로
(땅의 넓이)$=4400\times2500$
$=11000000$(m^2)
➡ 1100ha

20 6개

풀이 (엘리베이터에 탄 어른과 어린이의 무게)$=80\times10+42\times5=1010$(kg)
1.1t$=1100$kg이므로 더 실을 수 있는 무게는 $1100-1010=90$(kg)입니다.
따라서 포도 상자를 최대
$90\div15=6$(개)까지 실을 수 있습니다.